高等学校电子与通信工程类专业"十二五"规划教材

# EDA 技术与 VHDL 设计实验指导

主　编　黄沛昱

副主编　刘乔寿　应　俊

主　审　王汝言

西安电子科技大学出版社

# 内 容 简 介

本书从现代电子系统设计的角度出发,以全球著名可编程逻辑器件供应商 Altera 公司的集成 EDA 开发工具 Quartus Ⅱ 为开发平台,介绍了 EDA 技术及其应用,所选实验项目具备基础性、典型性、设计性、综合性、创新性,突出 EDA 技术的实用性和工程性。

全书共分 5 章,按照"入门了解—基础实验—能力提升"的理念进行划分。第 1 章是 Altera Quartus Ⅱ 9.1 使用介绍,主要介绍 EDA 设计的一般流程;第 2 章是 EDA 技术设计入门篇,分成 7 个实验项目,侧重于各知识点的掌握;第 3 章介绍 EDA 技术在控制与接口方面的应用,分成 5 个实验项目,引入了 DDS(直接数字频率合成)技术、嵌入式逻辑分析仪的使用等;第 4 章介绍 EDA 技术在数字通信领域的应用,分成 2 个实验项目;第 5 章主要介绍著名仿真软件 ModelSim 的使用流程以及如何通过 Quartus Ⅱ 直接调用 ModelSim 进行仿真。

本书可作为高等学校电子信息工程、电子科学与技术、通信工程、信息工程等电子信息类专业的实验教材,也可作为工程技术人员的参考用书。

**图书在版编目(CIP)数据**

EDA 技术与 VHDL 设计实验指导/黄沛昱主编. —西安:西安电子科技大学出版社,2012.8(2014.1 重印)
高等学校电子与通信工程类专业"十二五"规划教材
ISBN 978–7–5606–2841–7

Ⅰ. ① E… Ⅱ. ① 黄… Ⅲ. ① 电子电路—计算机辅助设计—应用软件—高等学校—教材
② 硬件描述语言—程序设计—高等学校—教材 Ⅳ. ① TN702 ② TP312

**中国版本图书馆 CIP 数据核字(2012)第 146729 号**

策　　划　邵汉平
责任编辑　阎　彬　邵汉平
出版发行　西安电子科技大学出版社(西安市太白南路 2 号)
电　　话　(029)88242885　88201467　　　邮　　编　710071
网　　址　www.xduph.com　　　　　　电子邮箱　xdupfxb001@163.com
经　　销　新华书店
印刷单位　陕西华沐印务有限责任公司
版　　次　2012 年 8 月第 1 版　　2014 年 1 月第 2 次印刷
开　　本　787 毫米×1092 毫米　1/16　印　张　11.5
字　　数　271 千字
印　　数　3001~6000 册
定　　价　21.00 元

ISBN 978–7–5606–2841–7/TN • 0660

XDUP 3133001–2
***如有印装问题可调换***

# 前　言

EDA 技术是当今电子信息领域最先进的技术之一，自 20 世纪 90 年代以来发展和应用非常迅速，已广泛应用于电子、通信、工业自动化、智能仪表、图像处理以及计算机等领域，是电子工程师必须掌握的一门技术。教育部高度重视 EDA 技术的教学，认为电子设计自动化课程是电子类专业的核心课程之一。以全国大学生电子设计竞赛为例，在近几届均有体现。EDA 技术的教学应更多地注重设计性、综合性、创新性项目，突出 EDA 技术的实用性以及面向工程实际的特点。

重庆邮电大学于 2010 年开始教改项目——以工程实践能力培养为目标的"电子设计自动化"课程改革，力求解决目前 EDA 课程教学中存在的几个重要问题。这些问题包括：

(1) 教学内容陈旧，不能反映当前流行技术，不能体现现代电子系统设计思想。

(2) 过于重视理论教学，忽视实践教学的重要性。

(3) 理论教学以教师讲授为主，单纯讲授理论和语法比较枯燥，学生的理解也仅仅停留在死记硬背上。

(4) 教学条件落后，实验设备不能满足教学要求。

经过一年多的课程建设，项目组取得了一定的成效。从 2011 级学生开始调整了实验学时数，增加为 16 学时，采取传统实验与开放实验相结合的形式，一方面保证基本项目的完成，另一方面给予学生更多的自主权，提高他们的积极性。理论教学也改革了教学内容和教学方法，通过简单的例子启发式地引入基本概念和语法，并结合实际问题来加深学生的理解，有效地提高了学生的学习兴趣。

为解决实验条件落后的现状，项目组自行研发了 EDA 综合实验箱。该实验箱能够同时支持单片机和可编程逻辑器件相关实验，采用模式化结构，可以根据具体电子系统的要求选择不同的模式，进行动态电路配置，并配有扩展接口。该实验箱和目前市场现有实验设备相比，性价比突出。

在总结教改成效的基础上，根据课程教学要求，以提高学生的实践动手能力和工程设计能力为目的，从应用的角度出发，我们编写了本书。本书具有以下几个特点：

(1) 结构合理，将教学内容分为入门篇和提高篇。入门篇侧重于各知识点的强化，如软件的使用、VHDL 语言的设计等；提高篇侧重于 EDA 技术在实际中的应用，加入了对实用硬件的控制，以及通信领域的应用。

(2) 精心选取的实验项目具备基础性与典型性，可在 EDA 综合实验箱上完成，也可在其他硬件条件下完成。

(3) 提供 EDA 综合实验箱使用说明，包括实验箱结构、功能键的使用、模式说明、引脚分配等，有助于了解实验箱的构成原理、掌握使用方法，并通过实验箱验证设计结果。

全书共分 5 章，按照"入门了解—基础实验—能力提升"的理念进行划分。

第 1 章属于入门了解，以 Altera 公司的集成 EDA 开发工具 Quartus Ⅱ 为例，详细讲述每个设计流程的功能。

第 2 章是基础实验部分，侧重于各知识点的掌握。整章分为 7 个实验项目。第 1、2 个实验项目采用原理图形式完成，作为数字电路实验的延伸，并进一步使学生掌握 EDA 软件的使用。实验 3 至实验 6 采用硬件描述语言 VHDL 进行设计，每个实验项目均对应一个典型模块的设计，如计数器、分频器、数码管显示等，还各自对应一个语法知识点，如 if 语句、case 语句、状态机等。实验 7 数字频率计的设计是上述知识点的综合应用，采用原理图和 VHDL 语言混合设计的形式。在每个实验中都会出现一定的软件使用技巧，如 LPM 模块的使用、图形观察工具的使用等。在实验项目中会进行实验背景知识的讲解、方案的分析、程序的示例和重要知识点的提示，当然也会给读者留下足够的思考空间和需要进行引申设计的内容。

第 3 章、第 4 章属于能力提升部分。其中第 3 章以控制实际硬件设备为主，凸显 EDA 技术的实用性，包含 5 个实验项目：蜂鸣器的控制、矩阵键盘的控制、DDS(直接数字频率合成)设计、D/A 转换的控制、字符型 LCD 的显示控制，其中还引入了嵌入式逻辑分析仪的使用等。第 4 章介绍 EDA 技术在通信领域的应用，包含两个实验：数字调制和冗余校验。

第 5 章在对比 Quartus Ⅱ各版本的基础上，介绍了著名的仿真软件 ModelSim，以及如何通过 Quartus Ⅱ调用 ModelSim 进行仿真，以便让读者了解最新版本软件的性能并能更加专业地使用它。

本书由重庆邮电大学教务处处长王汝言主审。本书在编写过程中得到了重庆邮电大学信号基础教研中心雷芳副教授、谭钦红副教授的大力支持与帮助，在这里表示深深的谢意。

限于作者水平，书中难免存在不妥之处，真诚地欢迎读者批评指正。作者邮箱：huangpy@cqupt.edu.cn。

编者

2012 年 02 月

于重庆邮电大学

# 目　录

# 第 1 章　Altera Quartus Ⅱ 9.1 使用介绍

　　EDA(Electronic Design Automation，电子设计自动化)技术能够让设计者利用硬件描述语言和 EDA 软件完成系统硬件的功能。

　　本章比较详细地介绍了 Altera 公司的 EDA 软件 Quartus Ⅱ的基本功能及设计流程，并通过一个实例详细讲解了设计的具体步骤，还给出了一些需要注意的事项。

## 1.1　概　　述

　　Quartus Ⅱ是著名可编程逻辑器件生产厂商 Altera 开发的综合性开发软件，可以在 XP、Linux、UNIX 上使用，已取代 MAX+PLUS Ⅱ。MAX + PLUS Ⅱ曾经是最优秀的 PLD 开发平台之一，适合开发早期的中小规模 CPLD 或者 FPGA，但目前 Altera 已停止更新其版本。

　　利用 Quartus Ⅱ软件能够高效地进行 CPLD、FPGA 以及 ASIC 的设计，是一条实现设计概念的快速途径。Quartus Ⅱ支持的 Altera 公司的可编程逻辑器件(PLD)包括 Arria Ⅱ、Arria GX、Cyclone、Cyclone Ⅱ、Cyclone Ⅲ、Cyclone Ⅳ、HardCopy Ⅱ、HardCopy Ⅲ、HardCopy Ⅳ、MAX Ⅱ、MAX Ⅴ、MAX 3000A、MAX 7000AE、MAX 7000B、MAX 7000S、Stratix、Stratix Ⅱ、Stratix Ⅱ GX、Stratix Ⅲ、Stratix Ⅳ、Stratix Ⅴ和 Stratix GX devices 系列。该软件提供以下完整的逻辑设计能力：

　　★ 多种设计手段；

　　★ 自动布局布线；

　　★ 强有力的逻辑综合；

　　★ 功能和时序仿真；

　　★ 时序分析；

　　★ 自动出错锁定；

　　★ 器件编程配置；

　　★ 利用 SignalTab Ⅱ逻辑分析仪进行嵌入式逻辑分析；

　　★ 支持 Altera 的 IP 核，包含 LPM/MegaFunction 宏功能模块库。

　　此外，该软件还提供了与第三方 EDA 工具软件的本地链接，能够使用诸如 Synplify、ModelSim 等著名综合、仿真软件。另一方面，该软件通过与 DSP Builder、MATLAB/Simulink 工具相结合，可以方便地实现各种 DSP 应用系统；该软件支持 Altera 的片上可编程系统(SOPC)开发，是集系统级设计、嵌入式软件开发、可编程逻辑设计于一体的一种综合性的开发平台。

　　目前 Quartus Ⅱ软件的最新版本 11.1 是业界性能和效能首屈一指的软件，支持 Altera

Qsys 的系统级集成工具新产品。Qsys 系统集成工具提高了系统开发速度，支持设计重用，从而缩短了 FPGA 的设计过程，节省了时间，减轻了工作量。此外，该版软件实现了对 Stratix V FPGA 系列的扩展支持，如增加了收发器模式和特性等。

Quartus Ⅱ软件的设计具有标准流程，以下讲述和实验均采用目前较流行的 Quartus Ⅱ 9.1 版本。

# 1.2　Quartus Ⅱ设计流程

Quartus Ⅱ的设计流程如图 1-1 所示，主要包括设计输入、综合、布局布线、仿真、时序分析、编程和配置几个环节。

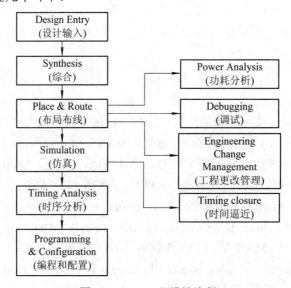

图 1-1　Quartus Ⅱ设计流程

## 1.2.1　设计输入

Quartus Ⅱ的设计方式多样，可以使用 Block Editor 建立原理图文件，或使用 Text Editor 通过 AHDL、VHDL、Verilog HDL 硬件描述语言建立设计。

此外，Quartus Ⅱ还支持采用 EDA 设计输入和综合工具生成的 EDIF 文件或者 VQM 文件，也支持采用 MAX+PLUS Ⅱ建立的原理图文件。Quartus Ⅱ具体支持的文件见表 1-1。

表 1-1　Quartus Ⅱ支持的设计文件类型

| 支持设计文件类型 | 后缀名 | 支持设计文件类型 | 后缀名 |
|---|---|---|---|
| 原理图设计文件 | .bdf | 图形设计文件(MAX+PLUS Ⅱ) | .gdf |
| AHDL 设计文件 | .tdf | EDIF 输入文件 | .edf、.edif |
| VHDL 设计文件 | .vh、.vhd、.vhdl | VQM 文件 | .vqm |
| Verilog HDL 设计文件 | .v、.vlg、.verilog | | |

(1) 原理图设计文件：几乎所有的 EDA 设计工具都会提供原理图设计输入方式。这种

方式的优点在于简单、直观，类似于数字电路中画电路图的形式；缺点是直观的图形背后调用的模块库不兼容导致可移植性不好。值得一提的是，Quartus Ⅱ实现了从原理图到 HDL 硬件描述语言的双向自动转化功能，即可以实现原理图和 HDL 的混合输入，该方法在进行大型综合设计时颇有意义，我们将在后面的实验中看到实例。

(2) AHDL 设计文件：采用 Altera 公司自有的硬件描述语言 AHDL，与 Altera 器件底层的相关设计结合良好，适合设计较复杂的组合逻辑、批处理、状态机等。但由于其只能用于 Altera 的综合器，因此可移植性不好。

(3) VHDL 设计文件：采用 IEEE 标准描述语言 VHDL。VHDL 是目前较常用的硬件描述语言之一，具有与硬件电路无关和与设计平台无关的特性。

(4) Verilog HDL 设计文件：采用 IEEE 标准描述语言 Verilog HDL。Verilog HDL 也是目前常用的硬件描述语言之一。该语言支持行为描述，在门级描述方面拥有独特的优势，可移植性较好。

(5) 图形设计文件：采用 MAX+PLUS Ⅱ软件 Graphic Editor 建立的原理图设计文件。

(6) EDIF 输入文件：网表(Netlist)文件，记录的是设计的组成及连接方式等，由第三方综合工具生成。与上述五种设计输入的层次不同，EDIF 输入文件可理解为是已完成综合的设计。Quartus Ⅱ会根据网表文件的描述进行布局布线，将设计具体部署到确定的 Altera 器件中。

(7) VQM 文件：通过 Synplicity Synplify 或者 Quartus Ⅱ生成的 Verilog HDL 格式的网表文件。

## 1.2.2　综合

综合就是将硬件描述语言、原理图等翻译成基本逻辑门、触发器、存储器等基本逻辑单元的连接关系，它是文字描述与硬件实现的桥梁。综合后生成的文件称为网表。在这个过程中，综合器会根据用户的约束条件与本身的算法进行优化，目的是让生成的设计拥有更快的速度和占有更好的资源。

可以使用 Quartus Ⅱ自带的 Analysis & Synthesis 模块进行综合，也可以使用其他第三方的 EDA 综合工具，如 Synplicity 公司的 Synplify、Synplify Pro 综合器，Mentor 公司的 Graphics Design Architect、Graphics LeonardoSpectrum 综合器来进行综合。实现 Quartus Ⅱ与第三方软件接口的工具就是 NativeLink，它支持第三方软件工具到 Quartus Ⅱ的无缝链接，可使双方在后台进行参数与命令交互，而使用者完全不用关心 NativeLink 的操作细节。

Analysis & Synthesis 模块支持 VHDL 1987(IEEE 标准 1076-1987)、1993(IEEE 标准 1076-1993)和 2008 标准，支持 Verilog HDL 1995(IEEE 标准 1364-1995)、2001(IEEE 标准 1364-2001)标准，支持 System Verilog 2005 标准。在默认情况下，使用 VHDL 1993 和 Verilog HDL 2001 标准。当然，也可以自行制定使用标准，方法是：选择 Assignments 菜单 Settings 对话框中的 Analysis & Synthesis Settings，打开 VHDL Input 或者 Verilog HDL Input 页，即可指定标准，如图 1-2 所示。

注意：选择不同的语言标准，有可能导致某些语法不能够综合！

设计者还可以在不编辑源代码的情况下设置某些属性，用于删除重复或冗余逻辑，保留某些寄存器，优化速度或区域，设置状态机的编码级别等。

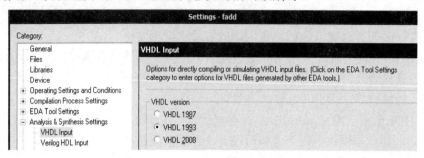

图 1-2　设置 VHDL 支持标准

### 1.2.3　布局布线

在 Quartus II 中由 Fitter 模块执行布局布线功能。Fitter 使用由 Analysis & Synthesis 建立的数据库，将工程的逻辑和时序要求与目标器件的可用资源相匹配。它将每个逻辑功能分配给最合适的逻辑单元位置，进行布线，并选择相应的互连路径和引脚分配。

设计者可以使用时序逼近布局图(Assignments→Timing Closure Floorplan)或者底层编辑器(Tools→Chip Planner(Floorplan and Chip)Editor)来查看或调整逻辑分配情况、布线拥塞情况、路径的布线延时等。还可以使用信号探针(Tools→SignalProbe Pins)或者嵌入式逻辑分析仪(Tools→SignalTab II Logic Analyzer)来进行在线调试。配置数据文件可以跟随设计文件一并下载于目标器件中，用以捕捉目标器件的内部信号节点的信息，而又不影响原硬件系统的正常工作。SignalTab II Logic Analyzer 将测得的样本信号暂存于目标器件的 RAM 中，然后通过 JTAG 端口将信息上传至 Quartus II 软件，由软件将采集的数据以波形显示。如果设计硬件时没有预留 JTAG 端口，则采用 SignalProbe Pins 进行调试，将选定的信号送往外部逻辑分析器或者示波器。SignalTab II Logic Analyzer 的具体使用将在后面的实验中(实验10)详细讲解。

总的来说，可以通过以上提及的调试工具来修复设计期间未解决的错误，或是使设计最优化。

### 1.2.4　仿真

仿真的目的就是在软件环境下检查设计文件是否和预期目的一致。在 Quartus II 中，仿真分为功能仿真和时序仿真。功能仿真(也叫前仿真)的主要目的是验证设计文件的逻辑功能是否正确，是否满足设计要求，不考虑时延。其实在完成设计后就可以进行功能仿真了。时序仿真(也叫后仿真)是指在综合、布线以后，电路的最终形式已经固定下来，已得到综合出的网表，这时再加上器件物理模型进行仿真，以得到精确的延时。多数情况下，时序仿真验证的结果基本与实际电路的工作结果相一致。

当然，设计者也可以使用第三方的 EDA 仿真工具，例如 Cadence 的 Verilog XL、NC-VHDL，Mentor Graphic 公司的 ModelSim。在第 5 章中，将详细介绍使用 ModelSim 进行仿真的流程以及如何使用 Quartus II 直接调用 ModelSim 进行仿真。

具体设置第三方 EDA 仿真工具的方法见图 1-3(Assignments→Settings→EDA Tool Settings→Simulation)。同样，也可以选择 Design Entry/Synthesis 来设置第三方的设计、综合工具，见图 1-4。

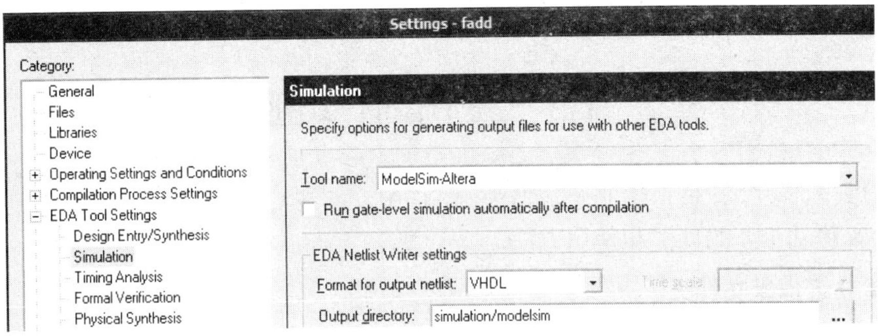

图 1-3　设置第三方仿真工具(ModelSim)

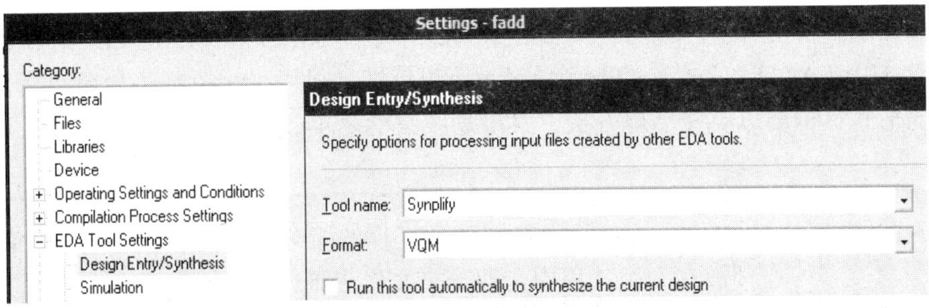

图 1-4　设置第三方的设计、综合工具(Synplify)

## 1.2.5　时序分析

对于数字系统设计工程师来说，时序分析是设计中的重要内容。尤其是随着时钟频率的提高，留给数据传输的有效读写窗口越来越小，要想在很短的时间内让数据信号从驱动端完整地传送到接收端，就必须进行精确的时序计算和分析。同时，时序和信号完整性也是密不可分的，良好的信号质量是确保稳定的时序的关键。

Timing Analyzer 模块允许用户分析设计中所有逻辑的性能。在默认情况下，作为全编译的一部分自动运行，该模块能够观察和报告时序信息，包括建立时间($t_{su}$)、保持时间($t_h$)、时钟至输出延时($t_{co}$)、引脚至引脚延时($t_{pd}$)、最大时钟频率($f_{max}$)等，以确定电路的时序性能。

从 Quartus Ⅱ 6.0 版本开始，新增了具备 ASIC 设计风格的静态时序分析工具——TimeQuese，功能较 Timing Analyzer 更强大，而且使用界面友好，易于深入进行时序约束和结果分析。

另外，Quartus Ⅱ 软件支持在 UNIX 工作站上使用 Synopsys 公司的 PrimeTime 软件进行时序分析，支持使用 Mentor 公司的 BLAST、Tau 板级验证工具进行板级时序分析。

## 1.2.6　编程和配置

使用 Quartus Ⅱ 软件成功编译后，就可以对 Altera 的目标器件进行编程或配置，这是 Quartus Ⅱ 设计流程的最后一步。通过 Assembler 模块生成的配置文件，包括.pof(Programmer

Object File)和.sof(SRAM Object File)两种格式。其中".sof"配置文件是由下载电缆将其直接下载到 FPGA 中的；".pof"配置文件是存放在配置器件里的。在默认情况下，启动全编译会自动运行 Asssember 模块。

配置完成后，就可以通过目标器件进行硬件验证了。

# 1.3　一个设计实例

本节以设计一个一位二进制全加器为例，详细介绍在 Quartus Ⅱ 中进行设计开发的具体步骤，并阐述其重要的功能和使用方法。

### 1. 建立工作库文件夹

首先建立工作库文件夹，以便存放设计文件和相关文件。

任何一个设计都是一项工程(Project)，都必须首先为此工程建立一个放置与该工程相关的所有设计文件的文件夹。该文件夹被默认为工作库(Work Library)。例如：在 D 盘建立一个文件夹 FULLADD。文件夹的取名最好具有可读性，可以采用英文字母、数字、下划线相结合的形式，但要以英文字母开头，且下划线只能是单一下划线。

**注意：**　在 Quartus Ⅱ 中特别强调工程的概念，任何相关设计文件都必须放在一个工程中，即一个文件夹下。

### 2. 建立一个新的工程

(1) 打开 Quartus Ⅱ 9.1 软件，进入图 1-5 所示的开发环境界面。

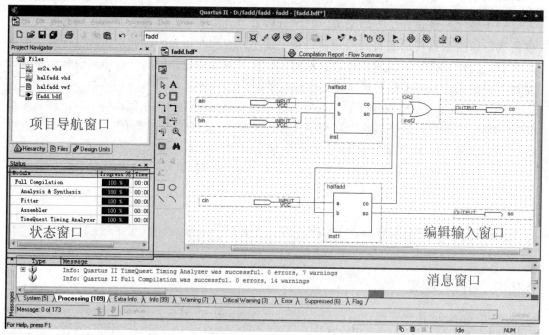

图 1-5　Quartus Ⅱ开发环境界面

① 项目导航窗口(Project Navitagor)：包括 3 个可以切换的标签。Hierarchy 栏以图形的方式显示工程的层次体系结构；Files 栏显示工程的文件；Design Units 栏显示设计单元信息。

② 编辑输入窗口：设计输入的主窗口，原理图设计文件、VHDL 语言设计文件、编译仿真报告等都在这里显示。

③ 状态窗口(Status)：显示系统运行各阶段的进度和时间。

④ 消息窗口(Message)：实时提供系统消息、警告和错误等。

(2) 选择 File→New Project Wizard，进入新建工程向导简介对话框(New Project Wizard：Introduction)，如图 1-6 所示。该窗口介绍新建工程向导能够进行的诸如工程名和路径、顶层设计实体名、工程文件、目标器件、第三方 EDA 工具的选择等参数的设置。点击 Next 按钮进入参数设置对话框，如图 1-7 所示，分别设置工程存放路径、工程名以及顶层设计实体名。整个工程将存放在步骤 1 所建的文件夹 FULLADD 中，因此工程路径为 D:\FULLADD。左键单击对话框第一栏右侧的"…"按钮，即可找到该文件夹。工程名与顶层设计实体名相同，取名 FULLADD(全加器，具有可读性)。

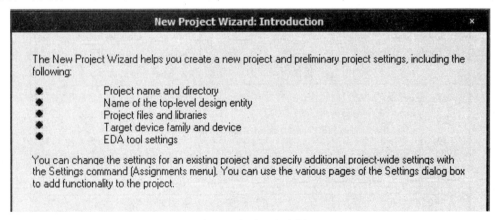

图 1-6　新建工程向导

图 1-7　利用 New Project Wizard 创建工程 FULLADD

(3) 单击 Next 按钮进入 Add Files 对话框，如图 1-8 所示。该对话框允许添加已有的设计文件。用户可以左键单击"…"按钮，选择需要添加的相关文件，并按 Add 键确认。本例还没有任何设计文件，所以单击 Next 按钮，直接进入下一步。

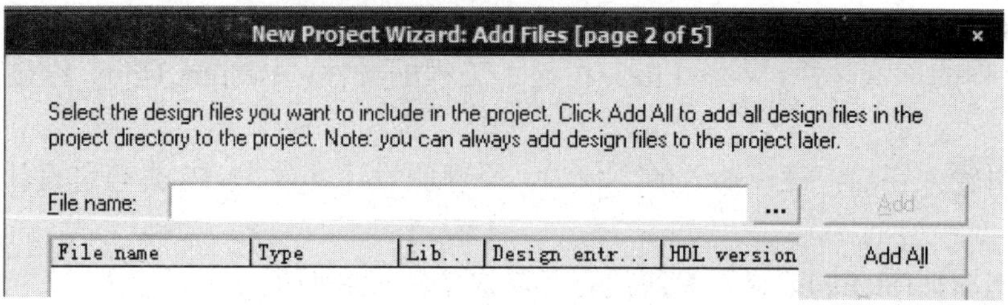

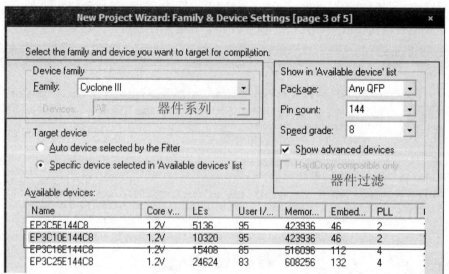

图 1-8　添加用户特定的设计文件

(4) 选择目标芯片的型号。EDA 综合实验箱上采用的可编程逻辑器件的型号是 EP3C10E144C8，读者可以自己观察芯片确认型号。该型号属于 Cyclone Ⅲ系列。在选择器件系列后，会有很多不同型号的器件列出。为了方便选择，可以通过窗口右边的三个过滤选项来过滤，见图 1-9。第一项 Package 是封装形式，第二项 Pin count 是器件引脚数量，第三项 Speed grade 是器件速度等级。

图 1-9　选择目标器件型号

在这里，有必要对 Altera 公司器件的命名规则作简单介绍，以 EP3C10E144C8 为例。
➢ EP：典型器件前缀，还可能有 EPC(EPROM 器件前缀)、EPX(快闪逻辑器件前缀)等。
➢ 3C：Cyclone Ⅲ系列，又如 2C 代表 Cyclone Ⅱ系列。
➢ 10E：逻辑单元数量，10k。
➢ E：封装形式。
➢ 144：引脚数量。
➢ C：温度范围 0℃～85℃。
➢ 8：速度等级，数字越小速度越快。

(5) 添加第三方 EDA 工具。如图 1-10 所示，本例不做任何选择，表示使用 Quartus Ⅱ自带的所有设计工具。单击 Next 按钮进入下一步骤。

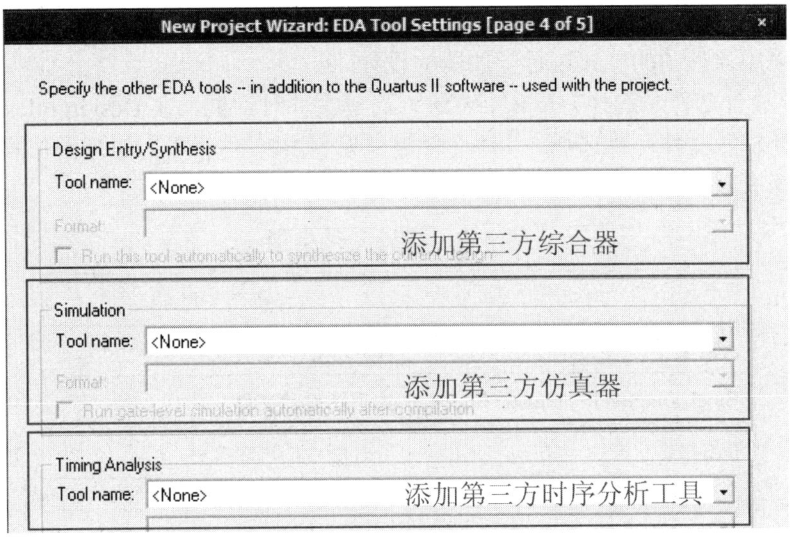

New Project Wizard: EDA Tool Settings [page 4 of 5]
Specify the other EDA tools -- in addition to the Quartus II software -- used with the project.
Design Entry/Synthesis
Tool name: <None>
Format:
Run this tool automatically to synthesize the current design
添加第三方综合器
Simulation
Tool name: <None>
Format:
添加第三方仿真器
Run gate-level simulation automatically after compilation
Timing Analysis
Tool name: <None>
添加第三方时序分析工具

图 1-10　第三方 EDA 工具添加

(6) 设置总结。如图 1-11 所示，该窗口显示之前的所有设置，用于确认。如果设置正确，则单击 Finish 按钮，否则可单击 Back 按钮返回重新设置。工程设置完成后，可在 Project Navigator 窗口 Hierarchy 栏看见新建的工程 FULLADD，见图 1-12。

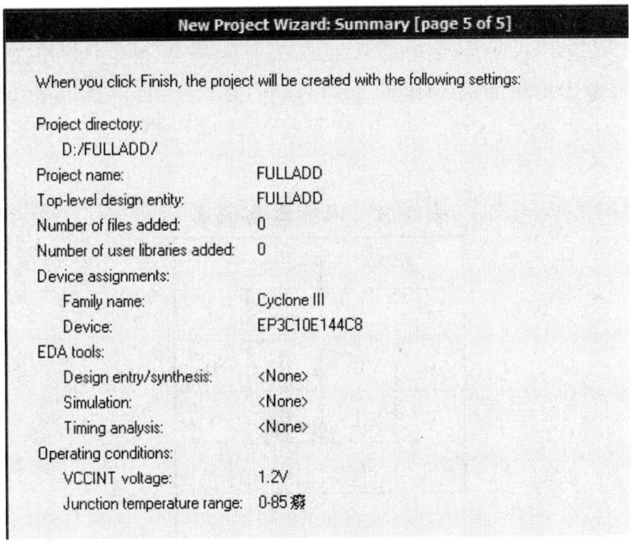

New Project Wizard: Summary [page 5 of 5]
When you click Finish, the project will be created with the following settings:
Project directory:
D:/FULLADD/
Project name: FULLADD
Top-level design entity: FULLADD
Number of files added: 0
Number of user libraries added: 0
Device assignments:
Family name: Cyclone III
Device: EP3C10E144C8
EDA tools:
Design entry/synthesis: <None>
Simulation: <None>
Timing analysis: <None>
Operating conditions:
VCCINT voltage: 1.2V
Junction temperature range: 0-85

图 1-11　工程设置总结

Project Navigator
Entity
Logic Cell
Cyclone III: EP3C10E144C8
FULLADD
Hierarchy
Files
Design Units

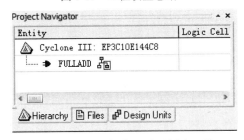

图 1-12　工程导航窗口显示新建工程

### 3. 设计输入

本例将采用原理图的形式进行半加器的设计。

(1) 新建设计文件。选择 File→New 进入新建文件对话框。在 Design Files 下有多种不同类型的设计输入文件可供选择,具体文件类型见表 1-2。由于采用原理图形式进行设计输入,本例选择 Block Diagram/Schematic File。

表 1-2　设计文件类型

| 文件名 | 描　述 |
|---|---|
| AHDL | AHDL 语言设计文件 |
| Block Diagram/Schematic File | 原理图设计文件 |
| DIF File | 经过综合的网表文件 |
| State Machine File | 状态机设计文件 |
| SystemVerilog HDL File | SystemVerilog HDL 语言设计文件 |
| Tcl Script File | 命令行可执行文件 |
| Verilog HDL File | Verilog HDL 语言设计文件 |
| VHDL File | VHDL 语言设计文件 |

(2) 进入图形编辑窗口,添加逻辑器件。假设半加器 h_add 有两个输入端,分别是加数 a 和加数 b,有两个输出端分别是求和端 so 和进位端 co,则其真值表如表 1-3 所示。这样能够得出 co=a AND b ; so= a XOR b。也就是说,完成一个半加器需要一个与门和一个异或门。

表 1-3　半加器真值表

| 输入 | | 输出 | |
|---|---|---|---|
| a | b | co | so |
| 0 | 0 | 0 | 0 |
| 0 | 1 | 0 | 1 |
| 1 | 0 | 0 | 1 |
| 1 | 1 | 1 | 0 |

双击图形编辑窗口空白处,可弹出 Symbol 对话框,如图 1-13 所示。在左上角的元件库中一共包含 3 个库:megafunctions(参数可设置宏功能模块库)、others(集合 MAX+PLUS II 中的 74 系列芯片)、primitives(基本逻辑门)。本例可以通过选中 primitives→logic 来选择与门和异或门,也可以在 name 处直接输入名字选择。

此外,还需要两个输入信号 a 和 b(选择 primitives→pin→input)和两个输出信号 co 和 so,(选择 primitives→pin→output)。设计者还可以通过在 Repeat-insert mode 前的方框内打勾,表示重复输入该器件,见图 1-14。

双击输入输出端口,改变输入输出信号名称,使其具有可读性,见图 1-15。

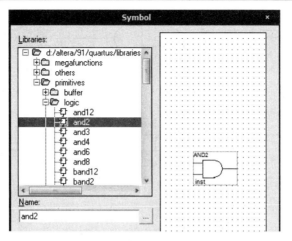

图 1-13　选择需要的元器件

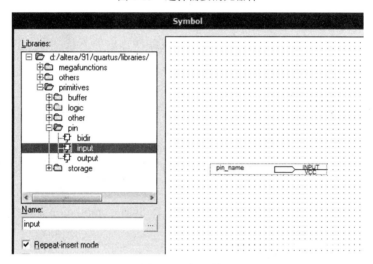

图 1-14　加入输入

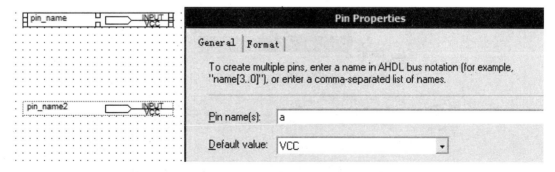

图 1-15　更改端口名称

（3）连接器件信号。将鼠标放在器件虚线边框处，鼠标变为十字，则可以拖动连接。完成后的半加器电路如图 1-16 所示。

（4）保存原理图设计文件。仍然将文件存放于 D:\FULLADD 文件夹下，文件名为 HALFADD，后缀名是.bdf。观察 Project Navigator 窗口的 Files 栏，可看见原理图文件。

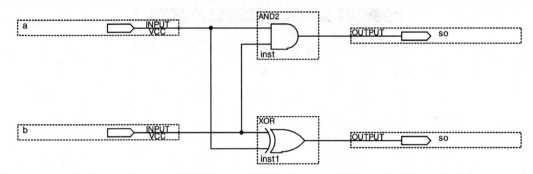

图 1-16　半加器电路图

### 4. 启动全编译

Quartus II 的编译器是由一些处理模块构成的，包括 Analysis & Synthesis 模块、Fitter(Place&Route)模块、Assember 模块、TimeQuest Timing Analysis 模块。编译器首先检查工程设计文件中可能的错误信息，然后通过 Analysis & Synthesis 模块进行综合，产生网表文件；Fitter 用于布局布线；Assember 用于生成编译输出的下载文件；TimeQuest Timing Analysis 是时序分析流程。设计者可以分别执行这 4 个阶段(Processing→Start)，也可以直接启动全编译(Processing→Start Compilation)来自动完成整个编译工作。

请切记，在进行编译前，必须将需要编译的设计文件设置成顶层实体。这是因为在一个工程内可能有多个需要编译的设计文件(特别是层次型的工程设计，本例的全加器就是以半加器为底层设计的，所以有两个设计文件，一个是半加器的设计文件，一个是全加器的设计文件)。具体做法是：选中 Project Navigator 窗口的 File 栏，以左键选中 HALFADD.bdf 文件，单击右键，选择 Set as Top-Level Entity，如图 1-17 所示。设置完成后可以在消息窗口中观察到设置成功的信息，如图 1-18 所示。选择 Start Compilation 启动全编译。

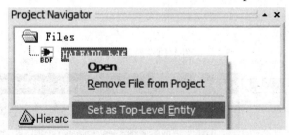

图 1-17　设置半加器原理图文件为顶层实体

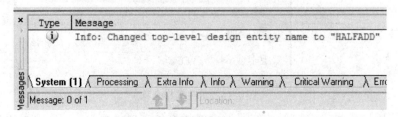

图 1-18　消息窗口显示设置信息

如果在编译中发现错误，Quartus II 会在消息窗口中显示错误信息，见图 1-19。通过阅读发现错误提示是"so 的引脚名称已经存在"。双击红色 Error 栏，系统会帮助进行错误定位。将与门输出引脚名称改为 co，再次启动全编译。编译完成后，软件会给出编译报告(见

图 1-20)，其中包括设计资源占用信息、时序分析报告等。设计者可以通过阅读报告了解编译的结果。

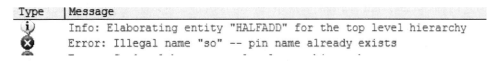

图 1-19　半加器编译报错"引脚名 so 已经存在"

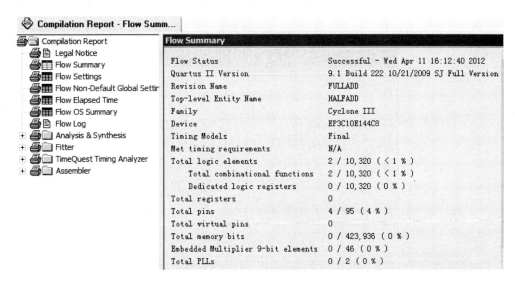

图 1-20　半加器编译报告

## 5. 仿真

通过编译后，必须对工程的功能和时序性质进行仿真测试，以了解设计结果是否满足设计要求。如前所述，仿真分为功能仿真和时序仿真，本例是在全编译后进行仿真的，已经包含设计的延时信息，因此属于时序仿真。

(1) 新建波形文件：File→New→Vector Waveform File。

(2) 设置仿真时间：Edit→End Time。

对于时序仿真来说，将仿真时间设置在一个合理的时间范围十分重要。通常设置的时间范围在数十微秒，见图 1-21。然后可以通过 View→Fit in Window 选项将整个仿真窗口设置为完全显示仿真时间，或通过放大/缩小菜单(View→Zoom In/Zoom Out)来进行适当的调整。

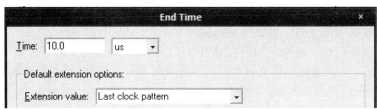

图 1-21　设置仿真时间是 10us

(3) 添加仿真信号。在进行仿真之前，必须添加仿真信号，即仿真中的激励和所要观察的信号。添加仿真信号的方法很多，例如通过 Edit→Insert→Insert Node or Bus 菜单命令打开图 1-22 所示的 Insert Node or Bus 窗口，然后选择 Node Finder 按钮打开图 1-23 所示窗口。该窗口有一个过滤选项可以帮助设计者选择需要的信号的类型。如果需要所有输入输出信号，则选择 Pins：all；如果需要观察内部寄存器，则可以选择 Pins：all & Resgiters 或者 Registers：Pre-synthesis(综合前寄存器)、Registers：Post-fitting(适配后寄存器)。本例选择 Pins：all，然后单击 List 按钮，在左边的 Nodes Found 窗口就会列出半加器的所有输入输出信号。选中需要观察的信号，单击"＞"按钮，将信号放置于右边的 Selected Nodes 窗口。重复上述步骤，直到添加完所有需要的信号。"＞＞"按钮表示选中所有信号。

完成仿真信号添加后，单击 OK 按钮，完成设置。

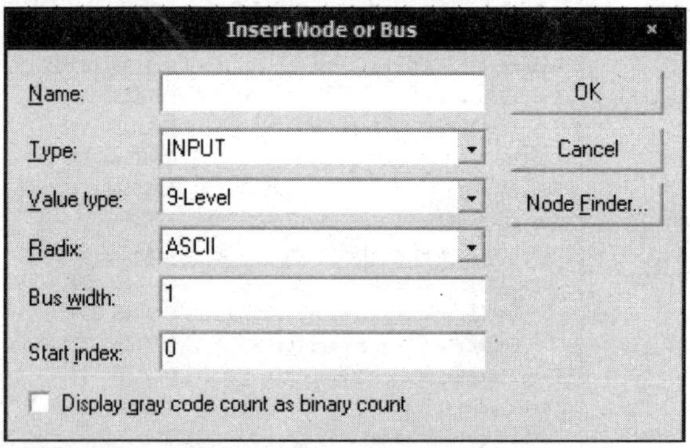

图 1-22　添加节点窗口

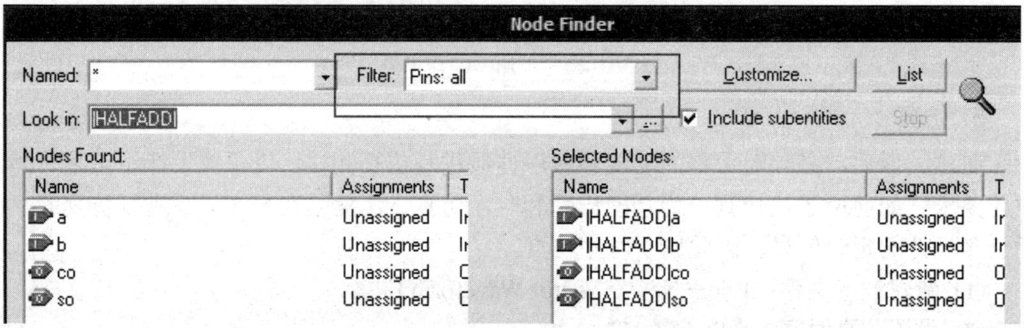

图 1-23　查找节点

(4) 输入激励信号。对输入波形进行编辑，确认其逻辑取值。应特别注意的是：输出波形不需要编辑，是由仿真自动生成的。仿真的目的就是通过观察自动生成的输出波形是否满足输入条件来确定设计是否符合要求的。

单击加数信号名 a，或者任意选中信号 a 的一段，使之变成蓝色条，则在波形编辑窗口左边的灰色图标将全部变亮，提供各种仿真激励类型(如图 1-24 所示)。

该例中只需要用到高低电平的设置就可以了。任意选中信号 a 或者 b 的一段，单击"设置高电平 1"即可。完成激励信号设置后波形如图 1-25 所示，加数 a 和 b 的组合满足 00、01、10、11 四种情况。

(5) 保存波形文件。单击 File→Save As，将波形文件保存在 D 盘 FULLADD 文件夹中。文件名是 HALFADD，后缀名是.vwf。观察图 1-26 所示 Project Navigator 窗口的 File 栏，新增波形文件。

图 1-24　各种仿真激励类型

| 分离窗口 | |
| 选择工具 | 文字编辑 |
| | 移动工具 |
| 全屏 | |
| 查找 | |
| 未初始化 | 未定义信号 |
| 设置低电平 0 | 设置高电平 1 |
| 高阻态 | 弱未知 |
| 弱逻辑 0 | 弱逻辑 1 |
| 无关 | 反转 |
| 数据总线设置 | 时钟设置 |
| | 随机值 |

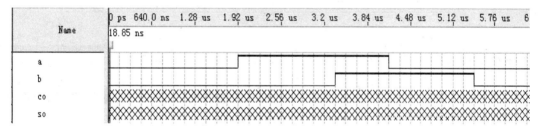

图 1-25　设置好的半加器激励波形图

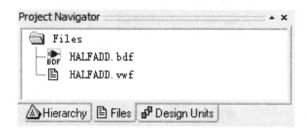

图 1-26　新增波形文件

　　(6) 仿真器参数设置。选择菜单 Processing→Simulator Tool，打开图 1-27 所示的仿真参数设置窗口。在 Simulation mode 项内可以选择使用时序仿真(Timing)或者功能仿真(Function)。在 Simulation input 栏，通过单击按钮"…"选择需要仿真的文件 HALFADD.vwf，然后单击 Start 按钮进行仿真，单击 Report 按钮可查看仿真结果。

　　还可以使用 Assignments→Setting→Simulator Settings 来设置仿真参数，如图 1-28 所示，然后通过 Processing→Start Simulation 来进行仿真。

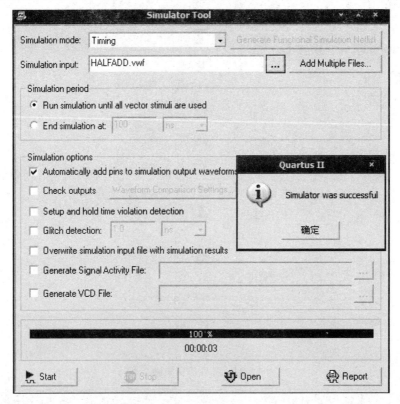

图 1-27　仿真参数设置

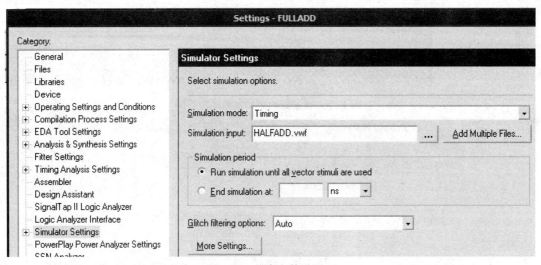

图 1-28　仿真参数设置 2

(7) 观察仿真结果。在 Quartus II 中，波形编辑文件(.vwf)和波形仿真报告(Simulation Report)是分开的。一般而言，仿真成功后会自动弹出波形报告窗口。如果没有，可以选择 Processing→Simulation Report 自行打开。仿真报告见图 1-29。

如果仿真报告没有完整显示所有波形图，可以使用 Zoom Tool 按键来进行放大缩小，或以右键单击波形报告的任何位置，在弹出的窗口中选择 Zoom→Fit in Window。

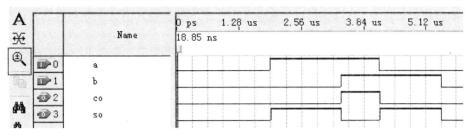

图 1-29　半加器设计波形仿真报告

从仿真结果可以看到，当 a=1、b=0 时，co=0、so=1，满足设计要求。同样可确定其他组合情况。

### 6. 时序分析

完成波形仿真后，可以使用 Classic Timing Analyzer 或者 TimeQuest Timing Analyzer 时序分析工具对设计进行时序分析。可以通过菜单 Assignments→Settings→Timing Ayalysis Settings 选择分析工具，如图 1-30 所示。

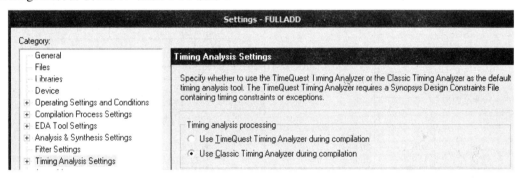

图 1-30　选择时序分析工具

在默认情况下，软件自动选择"在编译时使用 TimeQuest 时序分析"。其实早在完成步骤 4 的全编译后，弹出的编译报告中就会自动包含时序分析报告。本例以标准时序分析为例，选择 Processing→Start→Start Classic Timing Analyzer，完成后弹出编译报告，包含引脚到引脚的延时信息等，如图 1-31 所示。

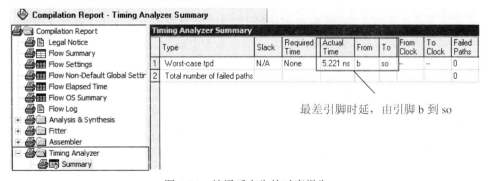

图 1-31　编译后产生的时序报告

### 7. 编程和配置

在完成设计输入及成功地进行编译、仿真后，配置器件是 Quartus Ⅱ 设计流程的最后一步，目的是将设计配置到目标器件中进行硬件验证。在全编译的 Assembler(适配)阶段会对目标器件产生配置文件*.sof 或者*.pof。

(1) 选择引脚。以 EDA 综合实验箱为例，它共有 0~7 这 8 个模式，其中模式 0~4 用于单片机，模式 5~7 用于可编程逻辑器件设计。本例可以选择模式 5(模式 5、6、7 的区别主要在于外围器件的不同：模式 5 含有数码管，模式 6 含有 LCD1602，模式 7 含有 LCD12864)。如图 1-32 所示，选择按键 SW0 作为半加器的加数 a、按键 SW1 作为半加器的加数 b、发光二极管 D6 作为半加器的求和端 so、D7 作为半加器的进位信号 co。这样，当配置文件下载后，就可以通过改变按键 SW0 和 SW1 的取值组合，来观察发光二极管是否正确亮或灭。

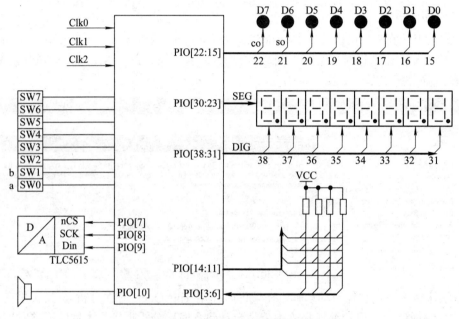

图 1-32　模式 5 下的引脚选择

(2) 查找引脚分配表，确认引脚号。确定按键后，查找引脚分配表，确认引脚号，见表 1-4。

表 1-4　引脚号与引脚名对应表

| 输入 | | | 输出 | | |
|---|---|---|---|---|---|
| 端口名 | 引脚名 | 引脚号 | 端口名 | 引脚名 | 引脚号 |
| a | SW0 | PIN86 | co | D7 | PIN70 |
| b | SW1 | PIN87 | so | D6 | PIN69 |

(3) 引脚锁定。选择 Assignments→Pins，弹出 Pin Planner 窗口，见图 1-33，可以看到在窗口下方列出了输入输出信号。双击信号 a 的 Location 栏，写入引脚号 86。同理，将其他引脚锁定。如果弹出的 Pin Planner 窗口中没有引脚列表，则可以通过该窗口菜单 View→All Pins List 将其打开。

存储引脚锁定信息后，必须再次启动全编译，才能将引脚锁定的信息编译进编程下载文件中。

图 1-33　引脚锁定

(4) 配置文件下载。执行 Tools→Programmer，启动编程下载工具，见图 1-34。在图中左上角硬件设置框显示 "No Hardware"，即硬件没有安装。因此，在连接好下载电缆后，需要单击 Hardware Setup 按钮，进入图 1-35 所示的窗口，选择合适的下载电缆类型。电缆用于连接运行 Quartus Ⅱ的 PC 机和目标器件，将配置指令与数据传送到 FPGA 或 CPLD 中。

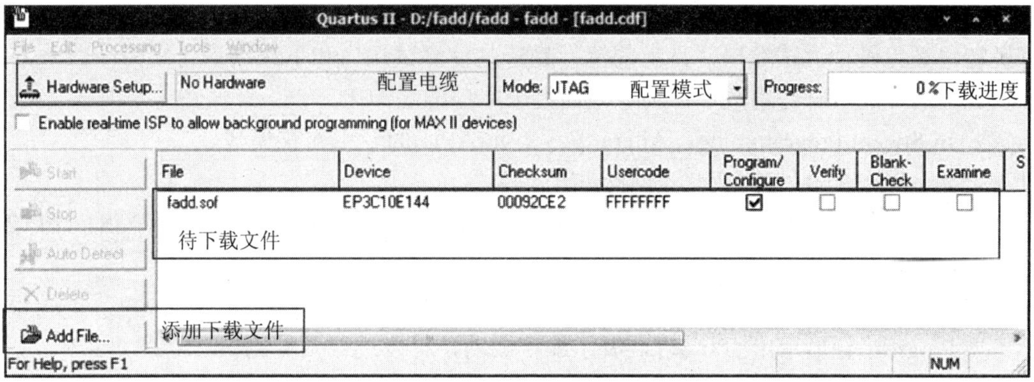

图 1-34　编程参数配置

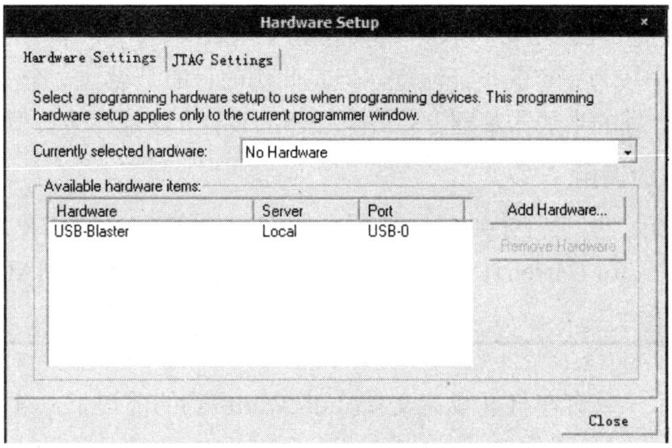

图 1-35　添加电缆类型

Altera 提供的配置电缆主要有以下几种类型：

➢ MasterBlaster：使用串口对器件进行配置；

➢ ByteBlaster：Altera 早期的配置电缆类型，使用并口对器件进行配置；

➢ ByteBlaster MV：在 ByteBlaster 的基础上提供混合电压支持；

➢ ByteBlaster Ⅱ：对 SignalTab Ⅱ 提供支持，使用并口对器件进行配置；

➢ USB-Blaster：对 SignaTab Ⅱ 提供支持，使用 USB 接口进行配置。

本例采用 USB-Blaster 类型。如果在 Hardware Setup 对话框中 Available Hardware items 中没有合适的电缆类型，则可以单击 Add Hardware 按钮添加，然后双击选中的类型即可。

Quartus Ⅱ 的 Programmer 配置工具会根据所选择的器件类型给出器件的配置模式，通过 Mode 栏的下拉菜单可进行选择，见图 1-36。本例选择 JTAG 模式，以下对几个模式进行简单介绍。

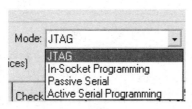

图 1-36　选择器件配置模式

➢ JTAG：使用 IEEE1149.1 标准 JTAG 端口对 FPGA 进行配置，优先级最高。JTAG 端口最初定义为硬件测试端口，目前的流行趋势是使测试端口和下载端口合二为一，一方面可以减少器件的引脚使用数量，另一方面便于端口的统一化。

➢ In-Socket Programming：Altera 编程单元(APU)的专用配置模式。

➢ Passive Serial：PS 模式，即被动串行模式。

➢ Active Serial Programming：AS 模式，即主动串行模式，主要用于对 EPCS1、EPCS4 等专用配置芯片进行配置。

配置完成后单击 Start 按钮，即进入对目标器件的配置下载操作。

当 Progress 栏显示出 100%时，表示编程成功，可以进行硬件测试。

(5) 硬件测试。在 EDA 综合实验箱上选择模式 5，通过按 SW0 和 SW1 两个按键，确认发光二极管的亮或灭。如：SW0 和 SW1 均不按，代表半加器加数 a 和 b 均为逻辑 1，则代表求和端 so 的发光二极管 D6 应灭，而代表进位端 co 的发光二极管 D7 应亮。

上述过程是一个较为完整的设计流程，但是此例的目的是设计一个一位二进制全加器，因此还需要在已设计好的半加器基础上完成全加器的设计，这是一个典型的层次型设计案例。

### 8. 底层半加器的调用

(1) 创建半加器元件。打开半加器原理图文件(HALFADD.bdf)，选择 File→Create/Update →Create Symbol Files for Current File，在文件夹 FULLADD 中保存 HALFADD.bsf。

注意：　　　　只有在打开设计文件(.bdf/.v/.tdf 等)的前提下，才能创建元件！

（2）新建全加器原理图设计文件。再次选择 File→New→Block Diagram/Schematic File，新建一个原理图编辑窗口。双击空白处，弹出 Symbol 对话框。可以看见在 Libraries 中出现一个 Project 库，点击"+"打开后，出现半加器元件，如图 1-37 所示。

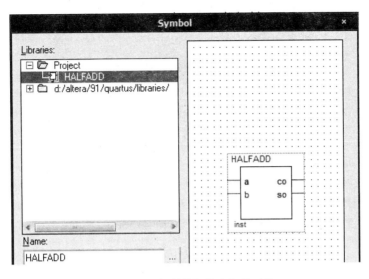

图 1-37　添加封装好的半加器元件

依次调入所需元件，完成全加器的电路设计，如图 1-38 所示。

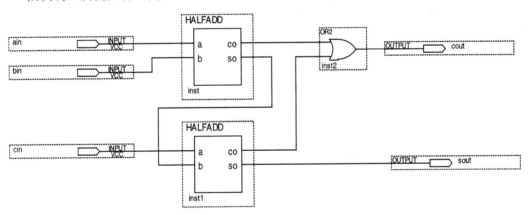

图 1-38　全加器电路图

将全加器设计文件保存在同一文件夹 FULLADD 中，取名 FULLADD.bdf。

以下步骤同半加器设计流程，即对全加器设计文件进行全编译、波形仿真、引脚锁定与编程配置，最后验证硬件功能。请读者参照上述流程自行完成，这里不再赘述。

注意:　　　　　在编译设计文件前，需要将该设计文件设置成顶层实体！

当然，读者在锁定全加器的引脚时，如果继续使用按键 SW0 和 SW1 对应的引脚，会发现系统报错，原因是这两个引脚在半加器设计时已经被占用了，见图 1-39。

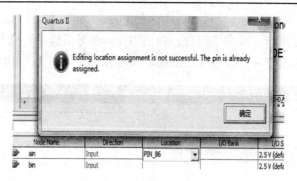

图 1-39　引脚被占用

修改的方法是选中半加器已经锁定的引脚，将其删掉，见图 1-40。其实本例的目的是为了完成一个全加器的设计，半加器的设计是为全加器服务的，最后只有一个下载文件FULLADD.sof。所以之前做半加器的步骤中，在波形仿真完成并确认半加器的功能后，就可以开始全加器的设计了，不需要进行半加器引脚锁定和编程配置的步骤。之所以这样做，是为了让读者看到一个完整的设计流程。

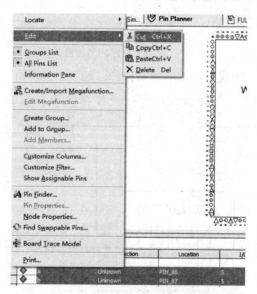

图 1-40　删除半加器使用引脚

以上讲述的命令都在命令菜单中，其实 Quartus II 软件提供了一些快捷按键，可以很方便地实现一些功能，如图 1-41 所示。

图 1-41　快捷方式

# 本 章 小 结

本章首先对 Quartus Ⅱ 的设计流程作了详细的介绍，重点讲解了每个步骤的功能。

➤ 设计输入：使用原理图、硬件描述语言(VHDL、AHDL、Verilog HDL)等设计软件对待设计的功能做设计。

➤ 综合：依据给定的约束条件等，将硬件描述语言、原理图等描述形式翻译成由逻辑门、触发器、寄存器等组成的电路结构，即网表文件。

➤ 布局布线：利用综合后的网表文件，将逻辑和时序要求映射到目标器件中，进行目标器件逻辑资源的分配、布线、互连等。

➤ 仿真：利用软件验证设计的正确性。仿真分为功能仿真和时序仿真，功能仿真仅验证逻辑功能，不包含时延信息。

➤ 时序分析：观察和报告时序信息，并可进行时序约束。主要参数有建立时间($t_{su}$)、保持时间($t_h$)、时钟至输出延时($t_{co}$)、引脚至引脚延时($t_{pd}$)、最大时钟频率($f_{max}$)等。

➤ 编程和配置：设计流程的最后一步，将软件产生的配置文件下载到目标器件中，进行硬件的实现与验证。

然后，通过一个实例：一位二进制全加器的设计，详细阐述了利用 Quartus Ⅱ 软件进行设计的重要步骤与功能用法。

步骤 1：建立工作库文件夹。任何一项设计都是一个工程，所有相关文件，包括设计文件(.bdf、.v、.vhd 等)、波形文件(.vwf)、模块元件(.bsf)等都必须放在一个文件夹下，一个工程内。

步骤 2：新建工程。利用 New Project Wizard 命令新建工程，设置工程路径、工程名、顶层实体名，添加已有设计文件，设置目标器件型号，确定是否调用第三方 EDA 工具等。

步骤 3：设计输入。采用原理图形式或者硬件描述语言形式进行设计输入。

步骤 4：启动全编译。全编译包含分析和综合(Analysis&Synthesis)、布局布线(Fitter/Place&Route)、适配(Assembler)、时序分析(Timing Analysis)等几个步骤。也可以通过命令菜单依次执行。

步骤 5：仿真。在仿真前先进行参数设置，包括仿真模式、仿真输入文件等，然后调入需要观察的激励信号和输出信号，设置激励，观察输出是否满足设计要求。

如果是层次型的设计，则需要将底层设计保存为模块元件(.bsf)，然后进行其他底层设计或顶层设计，重复步骤3、4、5，直到顶层设计完成。

步骤 6：时序分析。通过打开编译报告，可以观察到时序分析中各参数的情况，判断设计功能是否能满足时序约束。需要注意的是，在实际应用中，时序分析是非常重要的一步。

步骤 7：编程与配置。选定 EDA 综合实验箱的模式，查找引脚分配表，选择需要锁定的引脚。在软件中将引脚锁定后，打开编程器，设置电缆类型等参数，就可以开始下载配置文件了。

总结容易出错的一些细节：

➤ 工程的概念

请读者仔细观察 Quartus Ⅱ File 菜单，见图 1-42。第一项是 New，新建文件；第四项是 New Project Wizard，新建工程。第二项是 Open，打开单个文件；第五项是 Open Project，打开工程。文件是属于工程的，如果要打开一个已有的设计，必须是以工程的形式打开，才能进行编译、仿真、下载等。

设计者也可以打开图 1-43 所示的全加器的文件夹 FULLADD，仔细观察各文件的图标与后缀名。双击 FULLADD.qpf，即可打开工程设计。

➤ 编译前设置顶层实体

对于层次型的设计，在一个工程内可能同时存在多个设计输入文件，既有可能是多个原理图文件(如本例)，也有可能是多个语言文件，又或者是语言与原理图的混合。在编译某一个文件前，都需要把该文件设置成顶层实体，否则永远编译的是前一次设置的文件。

➤ 选择待仿真波形文件

在一个工程内可能有多个需要仿真的波形文件(如本例中，半加器和全加器都需要进行波形仿真)，因此，正确编译完相关设计文件后，需要在 Simulation Input 栏输入对应需要仿真的波形文件。

➤ 引脚锁定后需要进行再次编译

选择合适的实验箱模式，进行引脚锁定。锁定完成后，还需要再次编译，才能将引脚信息放入配置文件中。

➤ Quartus Ⅱ 保留字不能用做工程名、文件名

若在 Quartus Ⅱ 用 AND2 表示两输入与门，那么就不能使用 AND2 来表示工程名或者文件名。

图 1-43　全加器文件夹内包含文件

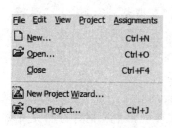

图 1-42　File 命令菜单

# 第 2 章　EDA 技术实验——设计入门篇

本章以数字逻辑实验为主,实验 1、2 是原理图设计实验,进一步帮助读者熟悉 Quartus Ⅱ 软件的设计流程,其中实验 2 重点讲述参数可设置宏功能模块的使用。实验 3、4、5、6 是基本 VHDL 设计实验,按知识点分类。实验 7 是原理图与 VHDL 语言混合设计的一个实例。

## 实验 1　基于原理图的计数器设计

### 1. 实验目的

(1) 学习并掌握 Quartus Ⅱ 软件的开发流程。

(2) 学习并掌握 EDA 综合实验箱的使用。

(3) 学习 74390 等计数器的计数原理、反馈复零法等。

(4) 掌握原理图设计方法,学习总线形式输入、输出的绘制、仿真应用等。

### 2. 背景知识

74390 称为双二—五—十进制计数器,即在一个芯片中封装了两个十进制计数器,其引脚排列见图 2-1 和图 2-2,主要引脚功能详见表 2-1。

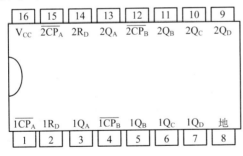

图 2-1　74390 引脚排列图　　　　图 2-2　Quartus Ⅱ 中 74390 元件

表 2-1　主要引脚功能

| 引脚名 | 功能描述 | 引脚名 | 功能描述 |
|---|---|---|---|
| 1CLKA/2CLKA | 计数脉冲信号,下降沿有效 | 1QA、1QB、1QC、1QD | 计数输出端 |
| 1CLKB/2CLKB | 计数脉冲信号,下降沿有效 | 2QA、2QB、2QC、2QD | 计数输出端 |
| 1CLR(1RD) | 清零信号,高电平有效 | 2CLR(2RD) | 清零信号,高电平有效 |

计数脉冲由 1CLKA 输入,则 1QA 输出二进制计数结果,产生 2 分频信号;计数脉冲由 1CLKB 输入,则 1QB、1QC、1QD 输出五进制计数结果,1QD 可产生 5 分频信号;若

在器件外部将 1QA 与 1CLKB 相连，计数脉冲从 1CLKA 输入，则 74390 成为 8421 码十进制计数器，对应 8421 码的输出顺序是 1QD/1QC/1QB/1QA；若将 1QD 与 1CLKA 相连，计数脉冲从 1CLKB 输入，则 74390 便成为 5421 码十进制计数器，输出位从高到低依次是 1QA/1QD/1QC/1QB。其功能真值表如表 2-2 所示。

表 2-2　74390 十进制计数器功能真值表

| 输入 | 输出(8421) | | | | 输入 | 输出(5421) | | | |
|---|---|---|---|---|---|---|---|---|---|
| | 1QD | 1QC | 1QA | 1QD | | 1QA | 1QD | 1QC | 1QB |
| 0 | 0 | 0 | 0 | 0 | 0 | 0 | 0 | 0 | 0 |
| 1 | 0 | 0 | 0 | 1 | 1 | 0 | 0 | 0 | 1 |
| 2 | 0 | 0 | 1 | 0 | 2 | 0 | 0 | 1 | 0 |
| 3 | 0 | 0 | 1 | 1 | 3 | 0 | 0 | 1 | 1 |
| 4 | 0 | 1 | 0 | 0 | 4 | 0 | 1 | 0 | 0 |
| 5 | 0 | 1 | 0 | 1 | 5 | 1 | 0 | 0 | 0 |
| 6 | 0 | 1 | 1 | 0 | 6 | 1 | 0 | 0 | 1 |
| 7 | 0 | 1 | 1 | 1 | 7 | 1 | 0 | 1 | 0 |
| 8 | 1 | 0 | 0 | 0 | 8 | 1 | 0 | 1 | 1 |
| 9 | 1 | 0 | 0 | 1 | 9 | 1 | 1 | 0 | 0 |

一般情况下，更习惯采用 8421 的计数方式。如果在两个计数器都构成 8421 十进制计数器的基础上，将 1QD 与 2CLKA 相连，外部计数脉冲从 1CLKA 输入，则输出端个位是 1QD/1QC/1QB/1QA，十位是 2QD/2QC/2QB/2QA，最大可构成一百进制计数器。即异步计数器一般采用本级的高位输出端与下一级的 CP 端相连，就可以实现计数器的级连。具体电路结构见图 2-3。

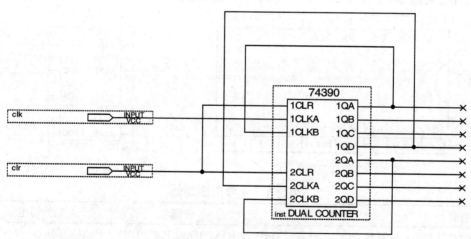

图 2-3　级联一百进制计数器

### 3. 实验内容与要求

设计一个有时钟使能信号的能够完成任意模值计数(如模 24)的两位十进制计数器，在使能端为高电平的时候允许计数，否则停止计数。

采用原理图的输入设计方法，采用基本门电路和计数芯片 74390(或者 74160、74161、7492)。完成软件仿真波形和硬件下载验证。

### 4. 实验方案(本方案以 74390 为例)

(1) 使能信号的引入。假设使能信号为 en，外部输入计数脉冲信号为 clk。如图 2-4 所示，使能信号 en 为高电平时，输出 fclk 即为计数脉冲；en 为低电平时，fclk 也为低电平。用 fclk 信号去控制计数器 74390，当使能信号为高电平时，fclk 下降沿计数；当使能信号为低电平时，fclk 无脉冲信号，计数器保持，停止计数。因此，如何由输入信号 clk 和 en 得到输出 fclk 信号就非常明显了。

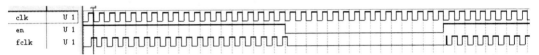

图 2-4　使能信号 en 控制计数脉冲

(2) 实现任意模值计数。这涉及清零信号 CLR。从引脚功能知道，CLR 为高电平时清零。假如需要设计一个模 24 的计数器，即计数 0～23，那么计数到 24 时，就必须清零了。请读者自己写出计数器的真值表。仔细观察可以发现计数到 24 时，1QC AND 2QB=1。因此，可以用这两个信号相与的结果来做清零信号。这种方法称为反馈复零法。如果认为复"0"信号太短而使复位不可靠，可在反馈电路中加入触发器(Symbol→primitives→storage)或者缓冲器(Symbol→primitives→buffer→global 全局信号缓冲器)适当延时。由于该电路更多地涉及数字电路的知识，所以请读者自己理解绘制。

(3) 绘制总线形式输出。在本例中，输出端一共有 8 位。如果按照以前的讲述，需要调入 8 个 output 来分别连接。这样做一是比较麻烦，二是在仿真时不容易观察最后直观的结果。在这里，引入了总线的表达方式，见图 2-5。在 74390 的每一个输出端加上信号标号，依次是 Q[0]、Q[1]、Q[2]、Q[3]、Q[4]、Q[5]、Q[6]、Q[7]。具体做法是：首先将鼠标放置于端口引脚处，拖出一条信号线；然后左键单击输出端信号线，使其变为蓝色，即可添加标号。对于 output，双击改变 Pin name 为 Q[7..0]；然后拖出一条粗线表示总线，对总线也加上标号 Q[7..0]。当然也可以通过选中需要改变形式的信号线，然后以右键点出下拉菜单，选择 Bus Line，使其变为总线形式。

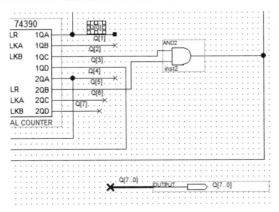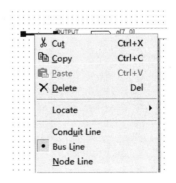

图 2-5　总线形式表达

(4) 在 EDA 综合实验箱上选择时钟信号。EDA 综合实验箱能够提供 3 种时钟信号选择，分别是 clk0、clk1 和 clk2。其中 clk0 是由可编程逻辑器件核心板提供的，是固定频率为 40 MHz 的方波信号。clk1 和 clk2 有不同频率的方波信号(F0/F1/F2)可供选择，请读者仔细阅读附录 A 中的 EDA 综合实验箱使用说明，查看三个信号的输出频率范围及步进调节。很明显，在本例中，为了能够观察到计数的状态，必须选择 clk1 或者 clk2，如用 1 Hz 表示一秒钟计数一次。如果选择 F0 信号从时钟 clk1 输出，则用跳线帽连接 clk1 和 F0 两个插针，如图 2-6 所示。

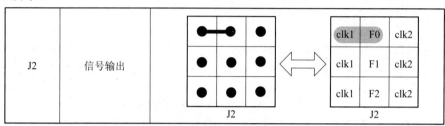

图 2-6　选择输出信号和时钟

### 5. 实验步骤及结果

#### 1) 波形显示结果

设计者需要由波形分析设计的正确性。以图 2-7 为例，可以看到当使能信号 en 为高电平时，计数器正常计数，计数到 10 时，en 变为低电平，计数器保持，满足设计要求。图 2-8 显示计数到 23 后自动清零，确认计数模值正确。

图 2-7　计数器仿真波形 1

图 2-8　计数器仿真波形 2

在仿真报告中，选中输出信号 Q，单击右键选择"Properties"，弹出 Node Properties 对话框，在 Radix 栏的下拉菜单中选择 Q 的表示形式，如图 2-9 所示。

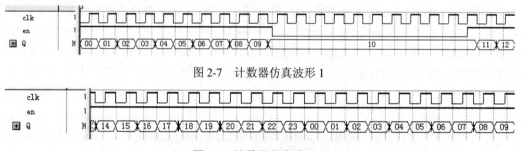

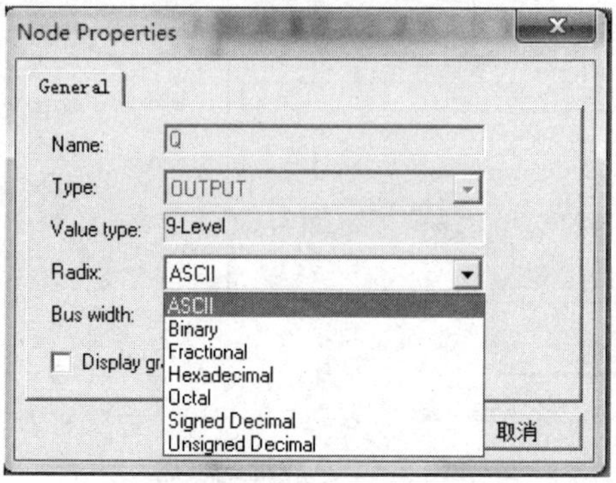

图 2-9　选择输出信号 Q 的表达方式

请读者自行确定应选择何种进制表示 Q。仔细观察波形结果变化是否符合进制的选取。设计者可以通过点击 Q 前面的 "+"，展开总线形式，观察每根信号线波形，见图 2-10。

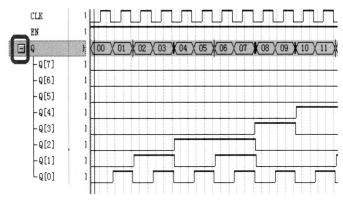

图 2-10　展开总线形式

2) 硬件验证结果

本例硬件验证，采用发光二极管来记录计数状态，则模式 5、6、7 均可。

当然也可以采用数码管来显示，则只能选取模式 5 。但是请仔细观察模式 5 中数码管的电路设置。如果选用该模式，则设计的计数器电路中还需要添加译码器模块和数码管显示扫描电路。(请读者仔细思考原因，数码管的译码和扫描显示电路将在实验 5 中讲述。)

6. 实验引申

(1) 用 74390 设计一个模 25 的计数器。

提示：采用反馈复零法和 5 × 5 级联两种方法完成。

(2) 用 74160 设计一个模 8 的计数器。

提示：74160 元件和功能表见图 2-11。

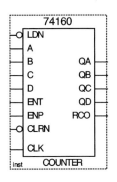

| CLK | /CLRN | ENT | ENP | /LDN | 输出(QD/QC/QB/QA) |
|---|---|---|---|---|---|
| X | L | X | X | X | 清零 (0000) |
| ↑ | H | X | X | L | 置数 (DCBA) |
| X | H | X | L | H | 保持 |
| X | H | L | X | H | 保持 |
| ↑ | H | H | H | H | 加 1 计数 |

图 2-11　74160 功能表和元件图

# 实验 2　参数可设置宏功能模块 LPM 的应用

1. 实验目的

(1) 掌握 LPM 模块的调用方法。

(2) 掌握不同 LPM 模块的定制和使用。

## 2. 背景知识

参数可设置模块库(Library of Parameterized Modules，LPM)是 Altera 公司提供的可方便调用的图形或者硬件描述语言模块形式的宏功能块。设计者可以根据设计电路的需要，选择 LPM 库中的适当模块，通过对其设置参数，完成自己的设计需要，即在自己的工程项目中调用优秀的电子工程技术人员的硬件设计成果，使设计者不必进行重复模块的设计，而将更多的精力放在其他功能的实现上，可极大地提高电子设计的效率和可靠性。

Altera 提供的宏功能模块和函数有以下几种类型：

➤ 算术组件：包括累加器、加法器、乘法器等。

➤ 门电路：包括多路复用器和 LPM 门函数。

➤ I/O 组件：包括锁相环(PLL)、LVDS 接收器和发送器等。

➤ 存储组件：包括 ROM、RAM 等。

LPM 模块的调入方法有两种:

(1) 通过 megafunction 调入。新建原理图编辑窗口，双击任意空白处，弹出 Symbol 对话框，在 Libraries 中的第一项 megafunctions 即为宏功能模块，如图 2-12 所示。单击"+"打开文件夹后，可看见其包含 4 个文件夹，分别对应于上面讲述的 4 种类型。

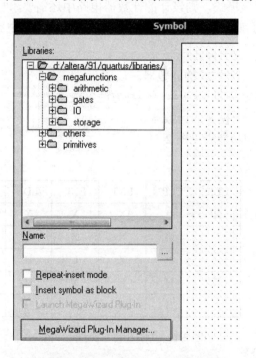

图 2-12　通过 megafunction 库调入

(2) 使用 MegaWizard Plug-In Manager。在 Symbol 对话框的左下选择 MegaWizard Plug-In Manager 或者利用菜单 Tools→MegaWizard Plug-In Manager。

常用宏功能模块见表 2-3。

设计者可以通过 Help→Megafunctions/LPM 菜单命令查看每个模块的用法。

表 2-3  常用宏功能模块及功能描述

| 序号 | 模块名称 | 功能描述 |
|---|---|---|
| | | 算术组件 |
| 1 | altfp_add_sub | 浮点加法器、减法器模块 |
| 2 | altfp_div | 浮点参数化除法器宏模块 |
| 3 | altfp_mult | 浮点参数化乘法器宏模块 |
| 4 | altmemmult | 参数化存储乘法器宏模块 |
| 5 | altmult_accum | 参数化乘累加器宏模块 |
| 6 | altmult_add | 参数化乘加器宏模块 |
| 7 | altfp_sqrt | 参数化整数平方根运算宏模块 |
| 8 | divide | 参数化除法器宏模块 |
| 9 | lpm_abs | 参数化绝对值运算宏模块(Altera 推荐使用) |
| 10 | lpm_add_sub | 参数化加法器-减法器宏模块(Altera 推荐使用) |
| 11 | lpm_compare | 参数化比较器宏模块(Altera 推荐使用) |
| 12 | lpm_counter | 参数化计数器宏模块(Altera 推荐使用) |
| 13 | lpm_divide | 参数化除法器宏模块(Altera 推荐使用) |
| | | 门电路 |
| 14 | lpm_and/or/xor | 参数化与门模块/或门/异或门模块 |
| 15 | lpm_bustri | 参数化三态缓冲器模块 |
| 16 | lpm_clshift | 参数化组合逻辑转化模块 |
| 17 | lpm_constant | 参数化常数发生器模块 |
| 18 | lpm_decode | 参数化解码器模块 |
| 19 | lpm_inv | 参数化反向器模块 |
| 20 | lpm_mux | 参数化多路转化器模块 |
| | | I/O 组件 |
| 21 | alt4gxb | 千兆位收发器模块 |
| 22 | altdq | 数据滤波模块 |
| 23 | altdqs | 参数化的双向数据滤波器模块 |
| 24 | altlvds_rx | 低电压差分信号接收器 |
| 25 | altlvds_tx | 低电压差分信号发送器 |
| 26 | altpll | 参数化的锁相环模块 |
| | | 存储组件 |
| 27 | lpm_dff | 参数化 D 触发器和移位寄存器模块 |
| 28 | lpm_ff | 参数化触发器宏模块 |
| 29 | lpm_fifo | 参数化单时钟 FIFO 宏模块 |
| 30 | lpm_fifo_dc | 参数化双时钟 FIFO 宏模块 |
| 31 | lpm_latch | 参数化锁存器宏模块 |
| 32 | lpm_ram_dp | 参数化双端口 RAM 模块 |
| 33 | lpm_rom | 参数化 ROM 宏模块 |

**3. 实验内容与要求**

利用 lpm_rom 设计一个 4 位乘法器，完成九九乘法表，并进行波形仿真。

**4. 实验方案**

硬件乘法器有多种设计方法，相比之下，由高速 ROM 构成的乘法器的运算速度最快。存储器 ROM 有两个关键参数：地址线数量和数据位宽。地址线数量决定存储单元的个数，如有 8 根地址线，则一共有 $2^8 = 256$ 个存储空间。数据位宽决定每个存储空间能够存储的二进制数据量，如数据位宽是 8，表示每个存储空间可以存放 8 位二进制数据。

在写存储单元时，地址和数据的表达方式是**地址:数据**，如 23:06，其中 23 表示地址，06 是该地址中的数据。例如，可以将地址的高 4 位看成是被乘数 2，低 4 位看成是乘数 3，存储的数据看成是乘积，这样在该存储单元中就必须存放数据 6。通过这种方法，可以将地址的高低 4 位划分开来，在存储单元中实现九九乘法表。

**5. 实验步骤与结果**

1) 配置乘法表数据文件

定制 lpm_rom 中的初始化存储数据文件，其格式有两种：.mif(Memory Initialization File) 和.hex(Hexadecimal (Intel-Format) File)，如图 2-13 所示。

选择 File→New→Memory Files→Memory Initialization File(或者 Hexadecimal (Intel Format) File)，弹出如图 2-14 所示对话框，设置存储单元数目和每个单元存储二进制的位数。本例中，存储单元共有 256 个，即 ROM 地址线应有 8 根；数据宽度是 8。单击 OK 按钮后，将出现空的 mif 数据表格。

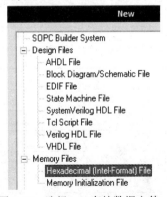
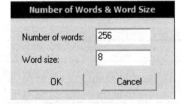

图 2-13　选择.hex 存储数据文件　　　图 2-14　设置存储单元数目与数据宽度

设计者可以通过菜单命令 View→Cells Per Row 来改变每行显示的存储单元的数目，如图 2-15 所示。本例中，选择每行显示 16 个存储单元。

表格中的数据格式和地址格式都可以通过鼠标右键单击该窗口边缘的地址栏，在弹出的菜单中进行选择，见图 2-16，共有 Binary(二进制)、Hexadecimal(十六进制)、Octal(八进制)、Decimal(十进制)四种格式。设计者还可以通过 View→Address Radix(或者 Memory Radix) 来修改地址(或者数据)格式。本例中，选择地址格式为十六进制，数据格式为十进制，刚好能够满足设计要求(请读者仔细思考原因)。该表中任一数据对应的地址为左列和顶行数之和，如九九乘法表最后一个数据 81，对应的地址是 90 + 9 = 99(十六进制)。左列 90 表示地址高四位是 9，顶行 9 表示地址低四位是 9。具体完成的乘法表数据文件见图 2-17。

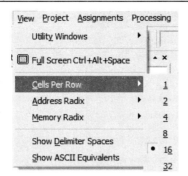

图 2-15　选择每行显示存储单元数　　　　　图 2-16　设置地址与数据格式

| Addr | +0 | +1 | +2 | +3 | +4 | +5 | +6 | +7 | +8 | +9 | +a | +b | +c | +d | +e | +f |
|------|----|----|----|----|----|----|----|----|----|----|----|----|----|----|----|----|
| 00 | 0 | 0 | 0 | 0 | 0 | 0 | 0 | 0 | 0 | 0 | 0 | 0 | 0 | 0 | 0 | 0 |
| 10 | 0 | 1 | 2 | 3 | 4 | 5 | 6 | 7 | 8 | 9 | 0 | 0 | 0 | 0 | 0 | 0 |
| 20 | 0 | 2 | 4 | 6 | 8 | 10 | 12 | 14 | 16 | 18 | 0 | 0 | 0 | 0 | 0 | 0 |
| 30 | 0 | 3 | 6 | 9 | 12 | 15 | 18 | 21 | 24 | 27 | 0 | 0 | 0 | 0 | 0 | 0 |
| 40 | 0 | 4 | 8 | 12 | 16 | 20 | 24 | 28 | 32 | 36 | 0 | 0 | 0 | 0 | 0 | 0 |
| 50 | 0 | 5 | 10 | 15 | 20 | 25 | 30 | 35 | 40 | 45 | 0 | 0 | 0 | 0 | 0 | 0 |
| 60 | 0 | 6 | 12 | 18 | 24 | 30 | 36 | 42 | 48 | 50 | 0 | 0 | 0 | 0 | 0 | 0 |
| 70 | 0 | 7 | 14 | 21 | 28 | 35 | 42 | 49 | 56 | 63 | 0 | 0 | 0 | 0 | 0 | 0 |
| 80 | 0 | 8 | 16 | 24 | 32 | 40 | 48 | 56 | 64 | 72 | 0 | 0 | 0 | 0 | 0 | 0 |
| 90 | 0 | 9 | 18 | 27 | 36 | 45 | 54 | 63 | 72 | 81 | 0 | 0 | 0 | 0 | 0 | 0 |
| a0 | 0 | 0 | 0 | 0 | 0 | 0 | 0 | 0 | 0 | 0 | 0 | 0 | 0 | 0 | 0 | 0 |
| b0 | 0 | 0 | 0 | 0 | 0 | 0 | 0 | 0 | 0 | 0 | 0 | 0 | 0 | 0 | 0 | 0 |
| c0 | 0 | 0 | 0 | 0 | 0 | 0 | 0 | 0 | 0 | 0 | 0 | 0 | 0 | 0 | 0 | 0 |
| d0 | 0 | 0 | 0 | 0 | 0 | 0 | 0 | 0 | 0 | 0 | 0 | 0 | 0 | 0 | 0 | 0 |
| e0 | 0 | 0 | 0 | 0 | 0 | 0 | 0 | 0 | 0 | 0 | 0 | 0 | 0 | 0 | 0 | 0 |
| f0 | 0 | 0 | 0 | 0 | 0 | 0 | 0 | 0 | 0 | 0 | 0 | 0 | 0 | 0 | 0 | 0 |

图 2-17　完成数据输入的.hex 文件

乘法表数据文件配置完成后，选择 File→Save As 将文件保存在新建文件夹 lpm_multi 中，文件名为 romdata.hex。保存后单击 OK 按钮会自动弹出新建工程对话框，可以选择在此处新建工程 multi，也可以选择稍后自行新建。请读者注意，新建工程仍然存放于文件夹 lpm_multi 中。该例需要在 Add Files 对话框出现时，将已有的文件，如 romdata.hex 添加进工程中。

2) 定制 lpm_rom 元件

选择 Tools→MegaWizard Plug-In Manager，弹出如图 2-18 所示界面，选择 Create a new custom megafunction variation 新建一个模块(后面两项分别是修改一个已有模块和复制一个已有模块)。单击 Next 按钮，进入图 2-19 所示界面。首先在左栏选择需要的模块类型，本例中选择Memory Compiler 下的 ROM；再选择器件系列为 Cyclone Ⅲ，输出文件采用 VHDL 语言形式。元件名为 rom0，路径显示仍然存放于文件夹 lpm_multi 中。单击 Next 按钮进入图 2-20 所示界面，设置 ROM 模块的参数。

选择 ROM 的数据线宽度为 8 位(q wide)，存储空间数量为 256。对于"What should the memory block type be?"选项，选择默认的 Auto，表示根据选中的目标器件的系列，自动适配嵌入 RAM 模块的类型。时钟方式有两种：单时钟(输入和输出共用一个时钟信号)、双时钟(输入和输出采用分开的时钟信号)。单击 Next 按钮进入 ROM 下一阶段参数设置，选择是否需要使能信号、清零信号等，如图 2-21 所示。本例中，不添加使能和清零信号。单击 Next 按钮，进入图 2-22 所示界面。

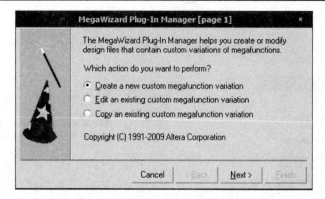

图 2-18　定制一个新的宏功能模块

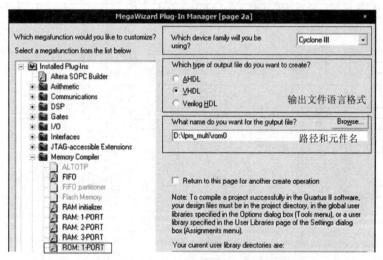

图 2-19　lpm 宏功能模块设定

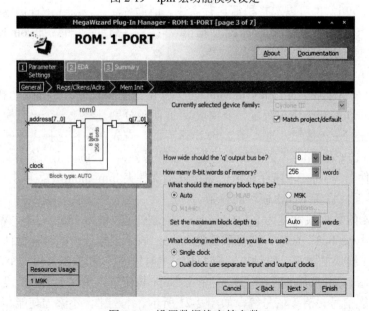

图 2-20　设置数据线宽等参数

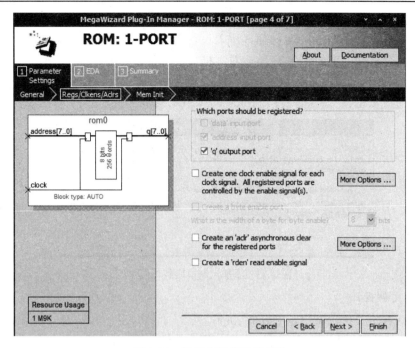

图 2-21　设置使能信号等参数

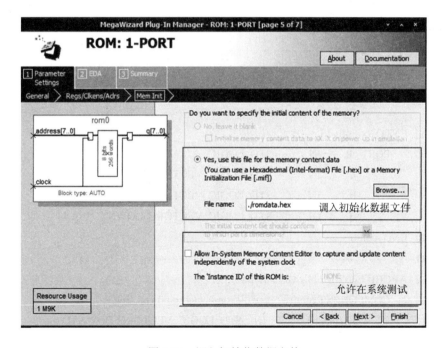

图 2-22　调入初始化数据文件

单击 Browse 按钮，在 lpm_multi 文件夹中选中 romdata.hex，调入已经完成的乘法表数据文件。

在"Allow In-System…"栏前的方框内打钩，表示允许"在系统测试和读写数据"。通过这个设置，可以允许 Quartus II 软件使用 JTAG 端口对目标器件中的设计进行读写和测试，不影响目标器件的正常工作。ID 号设置为 rom0，作为有多个需要读写的嵌入式 RAM 或者 ROM 的标识符。继续单击 Next 按钮，进入设置总结。最后，单击 Finish 按钮完成 ROM 的定制。在此会自动弹出如图 2-23 所示对话框，单击 Yes 按钮，表示添加定制结果到当前工程中。至此，读者可以在 Quartus II 主界面的工程导航窗口 Files 栏，观察到产生的 rom0.vhd 文件，可以通过双击该文件名，打开 rom0 的 VHDL 语言程序。

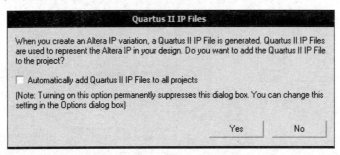

图 2-23　添加定制模块到工程中

3) 顶层文件设计

本例有两种方式可以调用定制好的 rom0。

(1) 顶层文件采用 VHDL 语言的形式，使用元件例化语句。这样做需要新建 VHDL File，并将其保存于同一文件夹 lpm_multi 内，文件名为 multip.vhd。具体顶层程序见例 2-1。

【例 2-1】

```
L1    ---------------------------------------------------------------------------------------------------
L2    LIBRARY ieee;
L3    USE ieee.std_logic_1164.all;
L4    ---------------------------------------------------------------------------------------------------
L5    ENTITY multip IS    --定义顶层实体
L6        PORT(clk    : IN        STD_LOGIC;
L7            a       : IN        STD_LOGIC_VECTOR(3 DOWNTO 0);
L8            b       : IN        STD_LOGIC_VECTOR(3 DOWNTO 0);
L9            q       : OUT       STD_LOGIC_VECTOR(7 DOWNTO 0));
L10   END multip;
L11   ------------------------------------------------------------------------
L12   ARCHITECTURE bhv OF multip IS
L13       COMPONENT rom0      --调用 rom0，即 rom0.vhd 声明
L14           PORT(address    : IN   STD_LOGIC_VECTOR(7 DOWNTO 0);
L15               clock       : IN   STD_LOGIC;
L16               q           : OUT STD_LOGIC_VECTOR(7 DOWNTO 0));
L17       END COMPONENT rom0;
L18   BEGIN
L19   u1:rom0 PORT MAP (clock=>clk,address(7 downto 4)=>b,
L20                             address(3 downto 0)=>a,q=>q);             --元件例化
```

L21　END bhv;

L22　-----------------------------------------------------------------------------------------------

(2) 顶层文件采用原理图的形式,调用 rom0 模块。

步骤 1,需要在打开 rom0.vhd 文件的情况下,选择 File→Create/Update→Create Symbol Files for Current File,将其转化为原理图元件。

步骤 2,新建顶层原理图编辑窗口,调入已转化好的 rom0 元件,进行电路绘制,如图 2-24 所示。输入端 a[3..0]表示乘数,b[3..0]表示被乘数,2 者均为总线形式。信号线标号分别是 ad[3..0]和 ad[7..4],与 rom0 的地址线标号 ad[7..0]对应起来。保存新建的顶层原理图文件于同一文件夹 lpm_multi 下,文件名为 lpm_multi.bdf。

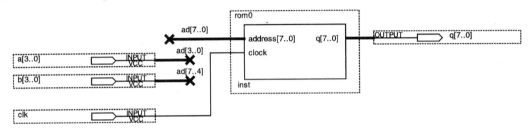

图 2-24　4 位乘法器原理图

4) 波形仿真结果

进行仿真激励设置时,对于 clk,选择时钟设置;对于乘数 a 和被乘数 b,选择数据总线设置。本例使用默认的仿真时间 1 μs。

(1) 设置时钟信号 clk。点击 clk 名称,使之变成蓝色条,再单击左列的时钟设置。在 Clock 窗口中设置时钟周期为 40 ns,占空比为 50%(见图 2-25)。

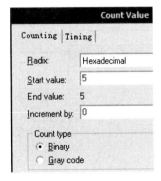

图 2-25　设置时钟　　　　　　　　　　图 2-26　设置乘数 a

(2) 设置乘数和被乘数。用鼠标拖动乘数 a 的一段,使之变为蓝色,然后再单击数据总线设置。如图 2-26 所示,在 Count Value 窗口中设置显示方式为十六进制,初始值为 5,Increment by 设置为 0,表示整个选中的这段数值为 5,不需要每隔一个时间段进行加法计数。采用此种方法，继续设置 b。

仿真结果如图 2-27 所示。

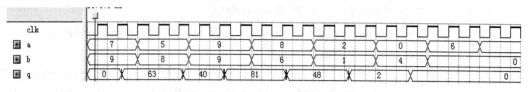

图 2-27　乘法器仿真波形

### 6. 实验引申

(1) 利用 lpm_multi 设计一个 8 位有符号乘法器。

提示：lpm_multi 的主要参数见表 2-4。原理框图见图 2-28。仿真示例结果见图 2-29。

表 2-4　lpm-multi 的主要参数

| 序号 | 端口名称 | 功 能 描 述 |
|---|---|---|
| 1 | dataa | 被乘数 |
| 2 | datab | 乘数 |
| 3 | sum | 部分和 |
| 4 | Clock | 输出时钟 |
| 5 | Clken | 时钟使能 |
| 6 | aclr | 异步清零 |
| 7 | result | result=data*datab+sum |
| 8 | Lpm-widtha | dataa 端口数据线宽度 |
| 9 | Lpm-widthb | datab 端口数据线宽度 |
| 10 | Lpm-widths | sum 端口数据线宽度 |
| 11 | LPM-REPRESENTATION | 选择"有符号数乘法"或者"无符号数乘法" |
| 12 | LPM-PIPELINE | 流水线实现乘法器时，一次运算所需时钟周期数 |

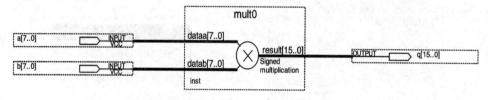

图 2-28　8 位有符号乘法器原理框图

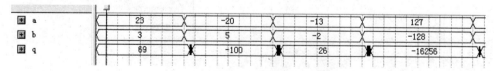

图 2-29　8 位有符号乘法器仿真结果

(2) 利用 lpm_counter 设计分频计，完成 6 分频、8 分频。

提示：lpm_counter 能够在计数初值的基础上进行加法或者减法计数。假设计数器的计数时钟是 clk，数据位宽为 4，进行加法计数。计数初值为"1011"，则计数器记满"1111"，需要计数 5 次(1011→1100→1101→1110→1111)，即对于每 5 个 clock 脉冲，进位信号 cout 输出一个脉冲，这样 cout 的频率就是 clk 频率的 1/5，称为 5 分频。本实验的关键在于根据计数器的工作方式(加法或者减法)和分频要求，计算计数初值。

Lpm_counter 的主要参数见表 2-5。5 分频仿真示例波形见图 2-30。

表 2-5　lpm-counter 的主要参数

| 序号 | 端口名称 | 功 能 描 述 |
|---|---|---|
| 1 | data[] | 输入计数器的并行数据(计数初值) |
| 2 | clk | 计数时钟 |
| 3 | cnt_en | 计数使能 |
| 4 | clk_en | 时钟使能 |
| 5 | updown | 加法计数或减法计数 |
| 6 | sload/aload | 同步/异步加载并行数据 |
| 7 | sset/aset | 同步/异步置位输入 |
| 8 | sconst/aconst | 同步/异步计数常数 |
| 9 | sclr/aclr | 同步/异步清零 |
| 10 | cin | 低位进位输入 |
| 11 | q[] | 计数输出 |
| 12 | cout | 计数进位或借位输出 |

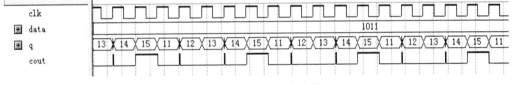

图 2 30　5 分频仿真结果

(3) 调用 altpll 锁相环。假设输入时钟频率是 50 MHz，要求产生输出信号：c0，频率为 100 MHz；c1，频率为 200 MHz；c3，频率为 20 MHz。这三个信号与原信号的相移和占空比不变。

提示：锁相环(PLL)是一种反馈控制电路,其特点是利用外部输入的参考信号控制环路内部振荡信号的频率和相位，广泛应用于时钟系统设计中，主要用来产生时钟的倍频和分频，并具有调相、稳定功能。

Cyclone 系列的 FPGA 中嵌入了高性能的锁相环，可以与输入的时钟信号同步，并以其作为参考信号，输出多个分频或者倍频的片内时钟供逻辑系统应用。与直接来自外部的时钟相比，由 PLL 产生时钟信号可以减少延时、变形、干扰等。

本实验的目的在于掌握 altpll 模块的调用和定制，理解锁相环倍频和分频的作用。设计原理图见图 2-31。仿真结果如图 2-32 所示。其中激励信号(即输入时钟 inclk)设置周期为 20 ns，频率为 50 MHz。观察输出信号是否满足设计要求。locked 是锁相标志输出，高电平表示锁定，低电平表示失锁。由图 2-3 可以看到，对于每一正常输出频率都有一个锁相捕捉时间。因此，inclk 的时间域要设置足够长，否则将可能看不到输出信号。

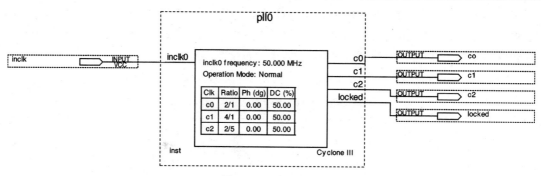

图 2-31　PLL 应用

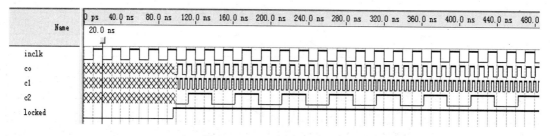

图 2-32　PLL 应用仿真波形

# 实验 3　基于 VHDL 的计数器设计

### 1. 实验目的

(1) 掌握 VHDL 语言基本结构。

(2) 掌握顺序描述语句 IF 的使用方法。

(3) 掌握时序电路的设计方法，了解信号同步与异步的区别。

(4) 掌握不同要求计数器的设计方法。

(5) 学习使用 RTL 观察器。

### 2. 背景知识

(1) VHDL 语言基本结构。一个完整的 VHDL 语言设计一般包含 3 个部分：设计库和标准程序包的声明、实体声明、结构体。

结构体描述电路器件的内部逻辑功能或者电路结构，既可以采用并行语句，也可以采用顺序语句。如果采用顺序语句，则必须写在进程 process 内部。

进程由敏感参数触发。在一个结构体内可以有一个或多个进程，进程间是并行关系。

(2) IF 语句。IF 语句根据条件成立与否(ture 或者 false)来确定执行哪些顺序处理语句，基本格式有 3 种：

格式 1：IF　条件　THEN

　　　　　　顺序语句；

　　　　END IF ；

格式 2：IF　条件　THEN

```
              顺序处理语句；
        ELSE
              顺序处理语句；
        END IF；
  格式 3：IF  条件  THEN
              顺序语句；
        ELSIF  条件  THEN
              顺序语句；
              ⋮
        ELSE
              顺序语句；
        END IF；
```

IF 语句还可以嵌套使用，但是在使用时要注意 END IF 的数量。嵌套的 IF 语句格式是：

```
        IF  条件  THEN
              IF   条件  THEN
              ⋮
              END IF；
        END IF；
```

(3) 不完整 if 语句。格式 1 即为不完整条件语句，也就是条件为真时，执行顺序语句；而条件为假时，不做任何操作，处于保持状态。综合器在综合时会给设计自动加入触发器。在利用条件语句设计纯组合电路时，如果没有充分考虑所有可能出现的条件，将导致不完整条件语句的出现，从而综合出不希望的组合与时序电路的混合体。

(4) 计数器的分类。

① 按数的进制分：

二进制计数器：按照二进制规律进行计数；

十进制计数器：按照十进制规律进行计数；

N 进制计数器：其它进制的计数器，都叫做 N 进制计数器，例如，N=12 时的十二进制计数器，N=60 时的六十进制计数器等。

② 按计数时是递增还是递减分：

加法计数器：按递增规律进行计数的电路叫做加法计数器。

减法计数器：进行递减计数的电路称为减法计数器。

可逆计数器：在加减信号的控制下，既可进行递增计数，也可进行递减计数的电路叫做可逆计数器。

**3. 实验内容与要求**

设计一个含异步清零和同步使能的 4 位二进制加法计数器。记满"1111"后，进位端输出高电平"1"。完成波形仿真和硬件验证。

**4. 实验方案**

示例程序见例 2-2。

【例2-2】

```
L1    -------------------------------------------------------------------------------------------------
L2    LIBRARY ieee;                              --打开 ieee 库
L3    USE ieee.std_logic_1164.all;               --允许使用 std_logic_1164 程序包
L4    USE ieee.std_logic_unsigned.all;           --允许使用 std_logic_unsigned 程序包
L5    -------------------------------------------------------------------------------------------------
L6    ENTITY cnt IS                              --实体声明，描述输入输出接口
L7       PORT(clk  :  IN  STD_LOGIC;             --定义计数时钟
L8          en   :  IN  STD_LOGIC;                  --使能信号 en
L9          clr  :  IN  STD_LOGIC;                  --清零信号 clr
L10         q    :  OUT   STD_LOGIC_VECTOR(3 DOWNTO 0);   --4 位计数输出
L11         cout :  OUT   STD_LOGIC);            --进位信号
L12   END cnt;
L13   -------------------------------------------------------------------------------------------------
L14   ARCHITECTURE bhv OF cnt IS                 --结构体
L15      SIGNAL cqi : STD_LOGIC_VECTOR(3 DOWNTO 0);   --定义信号 cqi 用于计数
L16   BEGIN
L17      PROCESS(clk,en,clr)                     --进程
L18      BEGIN
L19         IF clr='1' THEN cqi<=(OTHERS=>'0'); -      -clr 高电平清零
L20         ELSIF clk'EVENT AND clk='1' THEN        --判断时钟 clk 的上升沿
L21            IF en='1' THEN cqi<=cqi+1;           --en 高电平计数
L22            END IF;
L23         END IF;
L24         IF cqi="1111"   THEN cout<='1';         --输出进位信号
L25         ELSE cout<='0';
L26         END IF;
L27      END PROCESS;
L28      q<=cqi;                                 --将 cqi 赋值给 q
L29   END bhv;
L30   -------------------------------------------------------------------------------------------------
```

重要知识点：

➤ 时序电路时钟信号的表示。

时序电路中，最基本的元件是触发器。在时序电路设计时，一般需要对时钟信号进行判别。clk'event 表示时钟信号 clk 在一个极小的时间段内发生变化，并且变化后 clk='1'，即 clk 的上升沿到来，从而实现了边沿触发寄存器的设计。

同理可用 clk'event and clk='0'来表示下降沿。

➤ 异步清零和同步使能。

清零信号 clr 与时钟 clk 无关，具有最高优先级，也就是即使时钟不处于上升沿的状态，

只要 clr='1'，即可清零。使能信号 en 则必须在时钟上升沿到来时才能判断。不依赖于时钟而有效的信号称为异步信号，否则称为同步信号。

➤ 使用 std_logic_1164 程序包的目的。

该程序包中定义了 std_logic 数据类型。如果不打开 ieee 库，则不允许使用程序包，将导致 std_logic 数据类型在编译时报错，见图 2-33。

| Type | Message |
|---|---|
| ⊞ ⓘ | Info: Found 2 design units, including 1 entities, in source file cnt.vhd |
| ✗ | Error (10482): VHDL error at cnt.vhd(6): object "std_logic" is used but not declared |
| ⊞ ✗ | Error: Quartus II Analysis & Synthesis was unsuccessful. 1 error, 0 warnings |

图 2-33　编译报错"std_logic"类型没有定义

➤ 使用 std_logic_unsigned 程序包的目的。

操作符"+"只能用于数据类型 integer(整型)，std_logic_unsigned 程序包重新定义"+"的运算，允许对 std_logic 型进行运算，否则将出现如图 2-34 所示错误。

| Type | Message |
|---|---|
| ⊞ ⓘ | Info: Found 2 design units, including 1 entities, in source file cnt.vhd |
| ✗ | Error (10327): VHDL error at cnt.vhd(21): can't determine definition of operator ""+"" -- found 0 possible definitions |
| ⊞ ✗ | Error: Quartus II Analysis & Synthesis was unsuccessful. 1 error, 0 warnings |

图 2-34　编译报错操作符"+"的定义不能明确

➤ 为什么需要定义信号 cqi 来进行加法计数？直接使用 q 可以吗？

q 在实体中定义，是输出信号，如果使用 q 代替 cqi，则语句 q<=q+1 在编译时会报错(见图 2-35)，因为在赋值符号"<="右边的 q 是输入信号。

| Type | Message |
|---|---|
| ⊞ ⓘ | Info: Found 2 design units, including 1 entities, in source file cnt.vhd |
| ✗ | Error (10309): VHDL Interface Declaration error in cnt.vhd(21): interface object "q" of mode out cannot be read. Change object mode to buffer. |
| ⊞ ✗ | Error: Quartus II Analysis & Synthesis was unsuccessful. 1 error, 0 warnings |

图 2-35　编译报错接口对象 q 的模式是输出，不能读

当然，也可以通过更改 q 的端口模式来改正程序，不一定非要定义信号 cqi。该程序请读者自行完成更改。

**5. 实验步骤与结果**

(1) 新建工程 cnt，放置于 D:\CNT。

(2) 新建 VHDL 源文件。选择 File→New→Design Files→VHDL File。在打开的窗口中编辑 VHDL 源程序，并将其保存于同一文件夹下。

　　　　注意：保存的文件名必须与实体名一致，后缀名是.vhd。

本例中，实体名是 cnt(关键词 entity 后)，因此保存的文件名应是 cnt.vhd。

(3) 启动全编译 Start Compilation。

(4) 使用 Netlist Viewers 工具查看电路的生成。Quartus Ⅱ拥有强大的 Viewers(图形观察)工具，可以运用它对设计进行分析和调试。有三种观察器：RTL Viewer、State Machine

Viewer、Technology Map Viewer，见图 2-36，可以通过命令菜单 Tools→Netlist Viewers 来进行选择。

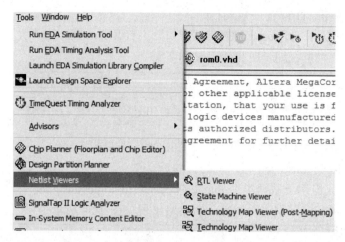

图 2-36　Viewer 工具

① RTL Viewer：即寄存器传输级图形观察器。在 Quartus II 中，执行完 Start Analysis&Elaboration(Processing→Start→Start Analysis&Elaboration)流程后即可观察 RTL 电路图，所以 RTL 电路图是在综合及布局布线前生成的，并不是设计的最终电路结构。

本例产生的 RTL 视图见图 2-37。可以看出该 4 位计数器由三个部分组成：

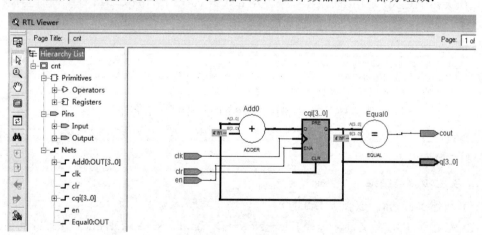

图 2-37　RTL 视图

加法器：完成加 1 操作，是纯组合逻辑电路。

锁存器：接收加法器的操作结果，一方面将锁存的数据向外输出，一方面将此数据反馈给加法器，以便进行下一次的加法计数，最后还将此数据送入比较器。

比较器：完成与 "1111" 的比较，确认是否有进位输出信号，是纯组合电路。

在 RTL Viewer 窗口的左侧，有一个 Hierarchy List 列表可以帮助设计者更加清楚地了解电路结构。单击 cnt 前的 "+"，可以展开列表。列表中包括：

Primitive：源语，指不能被扩展成底层次的底层节点。本例中包含 Operators(操作器)和 Registers(寄存器)。

Pins：引脚，即当前层次的 I/O 端口。

Nets：网线，即连接节点(包括源语、引脚)的连线。

对于较复杂的 RTL 电路，可以利用过滤功能来简化。选中任一节点并右键单击，在弹出的菜单中选择 Filter，见图 2-38。Sources 过滤出所选节点的源端逻辑；Destinations 过滤出所选节点的目标端口。通过单击 Hierarchy List 中的 cnt，可以回到过滤前的原图。

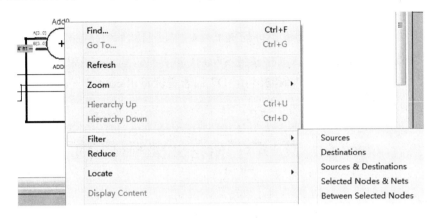

图 2-38　过滤选项

② State Machine Viewer。如果工程是按照状态机的原理设计的，则可以直接用该观察器观察各个状态的转移关系。

本例中因为没有涉及状态机，所以选择后不会出现任何图形。在弹出的状态机观察窗口中出现 "Design has no state machine"。

③ Technology Map Viewer。与 RTL Viewer 不同，Technology Map Viewer 提供的是设计的底级或基元级专用技术原理表征，它展示的是综合后的电路结构，也就是说如果设计只运行了 Start Analysis&Elaboration 流程，将会看不到 Technology Map Viewer，软件会在消息窗口提示 "网表文件不存在" 的错误信息。

从图 2-36 可以看到，有两项可以选择：Technology Map Viewer(Post-Mapping)或者 Technology Map Viewer。二者的区别在于：执行完 Start Analysis&Synthesis(Processing→Start → Start Analysis&Synthesis)综合流程即可产生 Technology Map Viewer，执行完 Start Fitter(Processing → Start → Start Fitter) 布 局 布 线 即 可 产 生 Technology Map Viewer(Post-Mapping)，见图 2-39。当然，如果没有执行 Fitter，看到的 Technology Map Viewer(Post-Mapping)将会和 Technology Map Viewer 一致。

由于本例在步骤(3)中已经启动了全编译，所以几个观察器都可以使用。

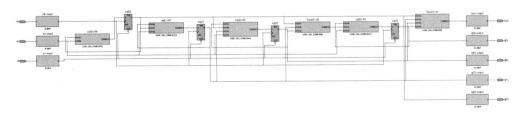

图 2-39　Technology Map Viewer(Post-Mapping)

(5) 波形仿真。波形仿真结果如图 2-40 所示。当 clr=1 时，clk=0 并没有上升沿到来，但是计数立即清零，所以是异步清零。当 en=0 时，计数保持。当记满后，产生进位信号。

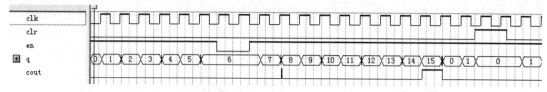

图 2-40　含异步清零和同步使能的 4 位二进制加法计数器波形

(6) 硬件验证。选择模式 5，其中按键 SW0 代表清零信号 clr，SW1 代表使能信号 en，发光二极管 D0/D1/D2/D3 代表计数输出 q，D7 代表进位输出 cout。

### 6. 实验引申

(1) 在例 2-2 的基础上完成任意模值计数器。即从 0 开始计数，计数到同学们的学号后清零(如 27 号，即计数 0~27，学号为 1~10 的，应计数到学号 +30)。完成波形仿真和硬件验证。

提示：根据计数个数，适当增加计数器数据位宽。

(2) 设计一个 4 位二进制可逆计数器，设置控制信号 updown。当 updown=1 时，完成加法计数；当 updown=0 时，完成减法计数。含异步清零信号。完成波形仿真和硬件验证。

(3) 设计一个可预置数的六十进制计数器，设置同步控制信号 en。当 en=1 时，置数；当 en=0 时，加法计数。含异步清零信号。完成波形仿真和硬件验证。

# 实验 4　数控分频器的设计

### 1. 实验目的

(1) 学习时序电路 VHDL 语言设计。
(2) 学习多进程设计，掌握变量的用法及信号的区别。
(3) 掌握整数数控分频器的原理及设计方法。
(4) 掌握半整数数控分频器的原理及设计方法。

### 2. 背景知识

在数字系统设计中，分频器是一种非常基本的电路，通常用来将某个给定的频率进行分频，从而得到所需的频率。数控分频器的功能是：当在输入端给定不同的输入数据时，对输入的时钟信号有不同的分频比。

整数分频器的实现比较简单，可以采用计数初值可并行预置的加法(或者减法)计数器构成。在某些场合，时钟源与所需频率不成整数倍关系，此时就需要采用小数分频器进行分频。

### 3. 实验内容与要求

(1) 设计一个整数数控分频器，能够根据预置数的不同实现不同的分频比。
(2) 设计一个分频系数是 2.5 的小数分频器。

### 4. 实验方案

1) 整数分频器设计方案

其实在实验 2 的实验引申第(2)题就已经提到了整数分频器，只不过当时是调用
lpm_counter 来完成的。实验 2 中曾举例：假设计数器计数时钟是 clock，数据位宽为 4，进
行加法计数，计数初值为 "1011"，则计数器记满 "1111"，需要计数 5 次(1011→1100→1101
→1110→1111)，即对于每 5 个 clock 脉冲，进位信号 cout 输出一个脉冲，这样 cout 的频率
就是 clock 频率的 1/5，称为 5 分频。假设预置数 d[3..0]，则分频比 R= "1111"−d[3..0]+1。
也就是说，如果 d[3..0]=11(二进制 1011)，则 R=5。如果是减法计数器，分频比 R=12(从 11
减法计数到 0，共 12 次)，则分频比公式 R=d[3..0]+1。

基于加法计数器的整数分频示例程序见例 2-3。

【例 2-3】

```
L1   -------------------------------------------------------------------
L2   LIBRARY ieee;
L3   USE ieee.std_logic_1164.all;
L4   USE ieee.std_logic_unsigned.all;
L5   -------------------------------------------------------------------
L6   ENTITY pulse is
L7      PORT(clk   : IN      STD_LOGIC;                    --初始时钟 clk，即分频前时钟
L8           d     : IN      STD_LOGIC_VECTOR(7 DOWNTO 0);    --8 位预置数 d
L9           fout  : OUT     STD_LOGIC);                   --分频后输出信号
L10  END pulse;
L11  -------------------------------------------------------------------
L12  ARCHITECTURE bhv OF pulse IS
L13     SIGNAL full :     STD_LOGIC;              --定义信号 full
L14  BEGIN
L15     p0:PROCESS(clk)                           --进程 p0，以 clk 为敏感参数
L16        VARIABLE cnt8    :STD_LOGIC_VECTOR(7 DOWNTO 0); --定义内部计数变量 cnt8
L17     BEGIN
L18        IF clk'EVENT AND clk='1' THEN
L19           IF cnt8="11111111" THEN   cnt8:=d; full<='1';
L20  --如果 cnt8 记满全 1，预置数 d 被并行置入，准备下次加法计数;同时进位信号输出高电
     --平 1
L21           ELSE cnt8:=cnt8+1;full<='0';        --否则继续作加 1 计数，full 输出低电平 0
L22           END IF;
L23        END IF;
L24     END PROCESS p0;
L25     p1:PROCESS(full)                          --进程 p1，以 full 信号为敏感参数
L26        VARIABLE cnt2    : STD_LOGIC;          --定义内部变量 cnt2
```

```
L27      BEGIN
L28        IF full'EVENT AND full='1' THEN cnt2:=NOT cnt2;
L29        END IF;
L30        IF cnt2='1' THEN fout<='1';              --分频最终结果 fout
L31        ELSE fout<='0';
L32        END IF;
L33      END PROCESS p1;
L34  END bhv;
L35  -----------------------------------------------------------------------------------------------
```

重要知识点：

➤ 结构体内进程间的关系。

在一个结构体内部可以存在多个进程，进程间是并行的关系，也就是说进程的执行并不是按照程序中书写的先后顺序进行的。究竟哪一个进程会被执行，取决于它的敏感参数是否发生变化。本例中有两个进程 p0 和 p1，如果信号 full 发生变化，将会触发进程 p1。

进程间可以通过信号进行信息的传递。本例中通过信号 full 将两个进程联系起来。

➤ 变量与信号的区别。

在例 2-3 中定义了两个变量：cnt8 和 cnt2。那么是否可以将其改为信号呢？答案是肯定的。那么变量与信号有什么样的区别呢？

首先，仔细观察本例中变量的定义范围，变量 cnt8 的定义是在进程 p0 内，cnt2 的定义是在进程 p1 内。它们的定义范围决定了变量属于局部量，使用范围局限于定义它的范围，即 cnt8 仅能在进程 p0 中使用，cnt2 仅能在进程 p1 中使用。如果要将这两个变量改为信号，则需要在结构体的说明部分进行信号的定义。

其次，仔细观察二者的赋值符号，变量的赋值符号为“：=”，信号的赋值符号为“<=”。

最后，信号 full 是否可以改为变量 full 呢？答案是否定的。原因在于 full 需要在两个进程间传递消息。

➤ fout 频率的计算。

从前面的讲述中能够得出信号 full 的分频比 F="11111111"−d[7..0]+1，而信号 fout 的频率是 full 频率的一半。这样，最终产生的分频信号 fout 的分频比应是 R=("11111111"−d[7..0]+1)×2。通过该公式，就可以根据需要的分频比计算预置初值 d。假设需要进行 8 分频，则预置数 d 是 252(二进制数 11111100)。

➤ 为什么不直接使用信号 full 作为分频结果？

信号 full 也是初始时钟 clk 的分频信号，以预置初值 252 为例，信号 full 是 clk 的 4 分频，它的占空比(正脉冲的持续时间与脉冲总周期的比值)是 25%。如果分频比越大，信号 full 的占空比就越小，使用该信号去驱动扬声器，则由于占空比太低，能量不足，扬声器不能发声。所以将信号 full 再次二分频(例 2-3 中 L28~L29)，产生占空比是 50%的 fout 去驱动扬声器。

2) 分频系数是 2.5 的小数分频器设计方案

设有一个 50 MHz 的时钟源，但电路中需要产生一个 20 MHz 的时钟信号，则分频比是 2.5。

在设计中，可以先设计一个模 3 的计数器(上升沿计数)，然后通过在时钟下降沿处产生分频信号的上升沿，来实现半整数分频。示例程序见例 2-4。

【例 2-4】

```
L1  -------------------------------------------------------------------------------
L2  LIBRARY ieee;
L3  USE ieee.std_logic_1164.all;
L4  USE ieee.std_logic_unsigned.all;
L5  -------------------------------------------------------------------------------
L6  ENTITY half_integer IS
L7    PORT(inclk : IN        STD_LOGIC;        --初始时钟 inclk，需要分频的信号
L8          fout : OUT       STD_LOGIC;        --分频后输出时钟
L9          clk  : BUFFER     STD_LOGIC);       --模 3 计数时钟
L10 END half_integer;
L11 -------------------------------------------------------------------------------
L12 ARCHITECTURE bhv OF half_integer IS
L13   SIGNAL div2,cout : STD_LOGIC;
L14   SIGNAL cnt      : STD_LOGIC_VECTOR(1 DOWNTO 0);
L15 BEGIN
L16   clk<=inclk XOR div2;            --inclk 与 div2 异或后作为模 3 计数器的时钟
L17   fout<=cout;
L18   p0:PROCESS(clk)
L19   BEGIN
L20     IF clk'EVENT AND clk='1' THEN
L21        IF cnt="10" THEN cout<='1';cnt<="00";
L22        ELSE cout<='0';cnt<=cnt+1;
L23        END IF;
L24     END IF;
L25   END PROCESS p0;
L26   p1:PROCESS(cout)
L27   BEGIN
L28     IF cout'EVENT AND cout='1'THEN div2<=NOT div2;--div2 是 cout 二分频
L29     END IF;
L30   END PROCESS p1;
L31 END bhv;
L32 -------------------------------------------------------------------------------
```

本设计的关键点在于：一个信号与 0 异或，得到的是信号本身；与 1 异或，得到的是信号的取反。请读者仔细分析程序。

### 5. 实验步骤与结果

#### 1) 整数分频器

仿真时设置 clk 周期为 50ns，即 20MHz；预置数 d 分别为 252 和 238，实现信号 fout 的 8 分频和 36 分频。

仔细观察图 2-41 可以发现，分频信号 full 和 fout 的产生要等待一定的时间，这是因为计数变量 cnt8 从零开始计数，记到全 1 时才进行第一次初值置入，然后才开始分频。所以设置的 clk 时间区域要足够长，否则无法看到分频信号。本例中，计数一次 50 ns，从 0 记满全 1 需要 256×50 ns=12.8 μs，这就是图中分频信号从 12.8 μs 开始的原因。本例可以设置仿真时间为 100 μs(Edit→End Time)，clk 时间域也是 100 μs。图 2-42 将图 2-41 波形放大，可以仔细观察到分频比和占空比。

在图 2-41 中，信号 full 和计数器 cnt8 不是实体中定义的输入输出引脚。在进行波形仿真前，可以通过 Edit→Insert→Insert Node or Bus 菜单命令，选择 Node Finder，打开如图 2-43 所示窗口，选择 Registers：pre-synthesis 或者 Registers：post-fitting 或者 Pins：all&Registers：post-fitting 来调出需要观察的内部寄存器。接着同样在波形编辑窗口中设置仿真激励(本例中的 clk 和 d)，仿真完成后就可以观察到波形了。调出内部寄存器的目的在于帮助设计者了解内部信号的工作，以便调试和排错。

选择模式 5，按键 SW7～SW0 作为预置数输入 d[7..0]，clk1 作为初始时钟(选择范围是 (0～1)MHz)，分频结果 fout 接扬声器，则由于分频比的不同可听到不同音调的声音，具体引脚号见表 2-6。初始时钟频率的选择和分频比的选择请读者仔细计算，以保证分频后的频率落在音频范围内(16 Hz～16 kHz)。

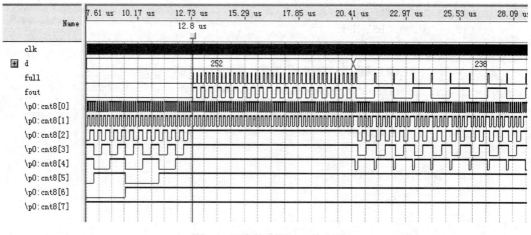

图 2-41　整数分频波形仿真

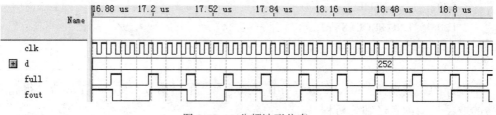

图 2-42　8 分频波形仿真

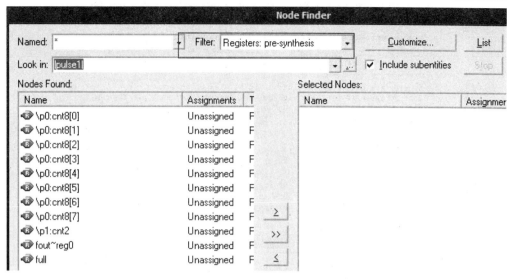

图 2-43　调入内部寄存器

表 2-6　引脚分配表

| 端口名 | 引脚名 | 引　脚　号 |
| --- | --- | --- |
| clk | clk1 | PIN38 |
| d0～d7 | SW0～SW7 | PIN86/87/98/99/100/101/103/104 |
| fout | Bell | PIN53 |

由于在 EDA 综合实验箱中，SW5 连接在芯片的多功能管脚 nCEO 上，因此需要通过软件设置该管脚为普通 IO 口，否则按键 SW5 不能使用。选择 Assignments→device，弹出图 2-44 所示的设置对话框，单击 Device and Pin Options，在弹出的窗口(见图 2-45)中选择 Dual-Purpose Pins(双目的引脚)栏，然后双击 nCEO 引脚的 Use as programming pin，将其改为 Use as regular I/O。

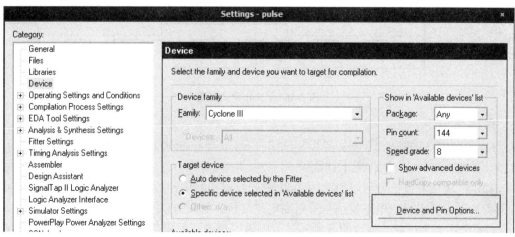

图 2-44　器件设置对话框

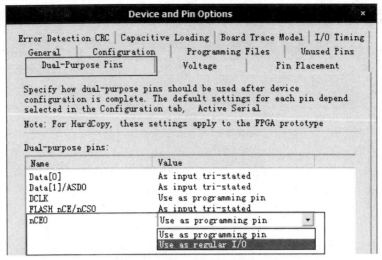

图 2-45　设置 nCEO 为普通 I/O 口

2) 分频系数是 2.5 的小数分频器

图 2-46 是 2.5 分频的波形仿真结果。本例调出了内部寄存器信号 cnt、cout、div2 以方便分析。inclk 是分频前的初始时钟,在计数到 2 时,信号 cout 是低电平 0,div2 也是 0,此时 inclk 与 div2 相异或,得到的结果 clk 等于 inclk,因此在这一段时间内,相当于以 inclk 为脉冲进行计数。第 3 个 inclk 计数脉冲上升沿到来后,根据程序判断此时 cnt= "10",所以 cnt 赋值 0,cout 赋值高电平 1,即 cout 产生上升沿,将会触发进程 p1,导致信号 div2 反转,变为高电平 1。当 div2 变为高电平 1 后,div2 与 inclk 相异或,使得信号 clk 变为 inclk 取反,即在第 3 个 inclk 下降沿处会产生 clk 信号的上升沿,导致 cnt 计数从 0 到 1,即 0 的持续时间只有半个周期(从第 3 个 inclk 信号的上升沿到下降沿),因而是一个 2.5 分频的结果。

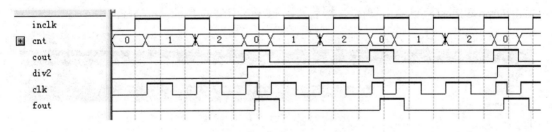

图 2-46　2.5 分频波形图

### 6. 实验引申

(1) 在例 2-3 的基础上,添加异步复位信号 reset。当 reset=0 时,计数器赋初值;当 reset=1 时,计数器在时钟 clk 的作用下计数。

提示:运用复位信号可以消除图 2-41 中计数器初始化计数 0 到 255 的分频等待时间。请读者自行思考采用低电平复位与采用高电平复位,哪种方法更具有抗干扰的能力。

(2) 设计一个任意半整数的分频器。可以通过更改计数模值 N 实现如 7.5 分频、10.5 分频等分频器。

提示:基本原理同例 2-4,电路组成原理见图 2-47。

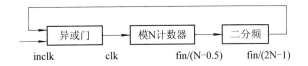

图 2-47　通用半整数分频器电路

# 实验 5　数码管显示设计

## 1. 实验目的

(1) 学习顺序描述语句 case 的使用方法。

(2) 学习 7 段数码显示译码的设计。

(3) 学习硬件扫描电路的设计。

## 2. 背景知识

(1) 数码管原理。LED 数码管也称为半导体数码管，是目前数字电路中最常用的显示器件之一，它以发光二极管作为笔段，分为共阴和共阳两种，其差别在于共阴数码管的八段发光二极管的阴极都连在一起，而阳极各段分别控制；共阳数码管则是八段发光二极管的阳极连在一起，阴极各段可分别控制，具体见图 2-48。

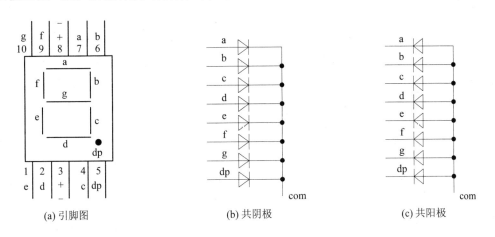

(a) 引脚图　　　　　　　　　(b) 共阴极　　　　　　　　　(c) 共阳极

图 2-48　7 段数码管引脚图

引脚图中的 3 脚和 8 脚是公共端 com，连在一起。7 段数码管加上一个小数点共计 8 段，因此对数码管进行编码正好是一个字节(8 位二进制)。以共阴数码管为例，公共端接 GND，其余各段高电平点亮，则数码编码见表 2-7。

数码管有两种显示方式：

① 静态显示。每个数码管的 8 个段选信号(a～g、dp)都必须接一个 8 位数据线来保持显示的字形。当送入一次字型码后，显示可一直保持，直到送入新的字形码为止。其优点是占用 CPU 时间少，便于控制显示；缺点是占用 I/O 口资源太多，如有 8 个数码管，就需要 $8 \times 8 = 64$ 个 I/O 口。

表 2-7　共阴数码管显示编码

| 显示 | dp | g | f | e | d | c | b | a | 十六进制 |
|---|---|---|---|---|---|---|---|---|---|
| 0 | 0 | 0 | 1 | 1 | 1 | 1 | 1 | 1 | 3f |
| 1 | 0 | 0 | 0 | 0 | 0 | 1 | 1 | 0 | 06 |
| 2 | 0 | 1 | 0 | 1 | 1 | 0 | 1 | 1 | 5b |
| 3 | 0 | 1 | 0 | 0 | 1 | 1 | 1 | 1 | 4f |
| 4 | 0 | 1 | 1 | 0 | 0 | 1 | 1 | 0 | 66 |
| 5 | 0 | 1 | 1 | 0 | 1 | 1 | 0 | 1 | 6d |
| 6 | 0 | 1 | 1 | 1 | 1 | 1 | 0 | 1 | 7d |
| 7 | 0 | 0 | 0 | 0 | 0 | 1 | 1 | 1 | 07 |
| 8 | 0 | 1 | 1 | 1 | 1 | 1 | 1 | 1 | 7f |
| 9 | 0 | 1 | 1 | 0 | 1 | 1 | 1 | 1 | 6f |
| A | 0 | 1 | 1 | 1 | 0 | 1 | 1 | 1 | 77 |
| B | 0 | 1 | 1 | 1 | 1 | 1 | 0 | 0 | 7c |
| C | 0 | 0 | 1 | 1 | 1 | 0 | 0 | 1 | 39 |
| D | 0 | 0 | 1 | 1 | 1 | 1 | 1 | 0 | 5e |
| E | 0 | 1 | 1 | 1 | 1 | 0 | 0 | 1 | 79 |
| F | 0 | 1 | 1 | 1 | 0 | 0 | 0 | 1 | 71 |

② 动态显示。将所有数码管的 8 个显示笔划的同名端连在一起，另外为每个数码管的公共极 com 增加位选通控制电路，位选通由各自独立的 I/O 线控制。如有 8 个数码管，则一共需要 16 个 I/O 口(8 个段选、8 个位选)，见图 2-49，其中 k1～k8 是位选信号。当输出字形码时，所有数码管都接收到相同的字形码，但究竟是哪个数码管会显示出字形，取决于对位选通 com 端电路的控制。所以只要将需要显示的数码管的选通控制打开(以共阴数码管为例，低电平选中相应数码管)，该位就显示出字形，没有选通的数码管就不会亮。通过分时轮流控制各个数码管的 com 端，就使各个数码管轮流受控显示，这就是动态驱动。所谓动态扫描显示，即轮流向各位数码管送出字型码，尽管实际上各位数码管并非同时点亮，但只要扫描的速度足够快，利用发光二极管的余辉和人眼的视觉暂留作用，可使人感觉各位数码管同时在显示。动态显示的亮度比静态显示要差一些，但是能够节省大量的 I/O 端口，而且功耗更低。

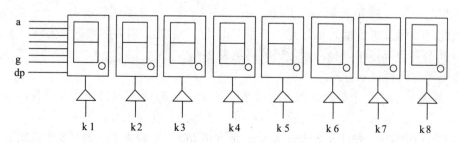

图 2-49　8 位数码动态扫描显示电路

(2) case 语句。其基本格式如下：

　　　case <表达式> is
　　　when <选择值或标识符>=><顺序语句>；
　　　when <选择值或标识符>=><顺序语句>；
　　　　　⋮
　　　when others　=><顺序语句>；
　　　end case；

使用语法注意以下几点：

① 通过计算表达式的值，根据 when 条件句中与之相同的<选择值或标识符>，执行对应顺序语句。

② 选择值在表达式取值范围内，且只能出现一次 。

③ 当选择值不能完整覆盖表达式取值时，最后必须加上 when others。

④ 符号 "=>" 相当于于是，即 then。

### 3. 实验内容与要求

利用 8 个数码管同时显示数字 1～8。

### 4. 实验方案

观察 EDA 综合实验箱模式 5 电路结构，发现 8 位数码管的段选端是连在一起的，同时有 8 个位选端，因此只能采用动态扫描的显示形式。示例程序见例 2-5。

### 【例 2-5】

```
L1   -----------------------------------------------------------------------------
L2   LIBRARY ieee;
L3   USE ieee.std_logic_1164.all;
L4   USE ieee.std_logic_unsigned.all;
L5   -----------------------------------------------------------------------------
L6   ENTITY scan IS
L7       PORT(clk    : IN   STD_LOGIC;                          --动态扫描频率
L8               seg    : OUT STD_LOGIC_VECTOR(7 DOWNTO 0);    --段选信号控制输出
L9               dig    : OUT STD_LOGIC_VECTOR(7 DOWNTO 0));   --位选信号控制输出
L10  END scan;
L11  -----------------------------------------------------------------------------
L12  ARCHITECTURE bhv OF scan IS
L13      SIGNAL ain : INTEGER RANGE 0 TO 15;
L14      SIGNAL abc : STD_LOGIC_VECTOR(2 DOWNTO 0);
L15  BEGIN
L16      p0:PROCESS(clk)
L17      BEGIN
L18        IF clk'EVENT AND clk='1'  THEN   abc<=abc+1;  --abc 是扫描计数信号
L19          END IF;
```

```
L20    END PROCESS p0;
L21    p1:PROCESS(abc)        --位选信号控制
L22    BEGIN
L23      CASE abc IS
L24        WHEN   "000"   =>dig<="11111110";ain<=1; --选择数码管 k1，显示数字 1
L25        WHEN   "001"   =>dig<="11111101";ain<=2; --选择数码管 k2，显示数字 2
L26        WHEN   "010"   =>dig<="11111011";ain<=3; --选择数码管 k3，显示数字 3
L27        WHEN   "011"   =>dig<="11110111";ain<=4;
L28        WHEN   "100"   =>dig<="11101111";ain<=5;
L29        WHEN   "101"   =>dig<="11011111";ain<=6;
L30        WHEN   "110"   =>dig<="10111111";ain<=7;
L31        WHEN   "111"   =>dig<="01111111";ain<=8;
L32        WHEN OTHERS   =>null;
L33      END CASE;
L34    END PROCESS p1;
L35    p2:PROCESS(ain)        --译码电路
L36    BEGIN
L37      CASE ain IS
L38        WHEN 0 => seg<="00111111"; WHEN 1 => seg<="00000110";
L39        WHEN 2 => seg<="01011011"; WHEN 3 => seg<="01001111";
L40        WHEN 4 => seg<="01100110"; WHEN 5 => seg<="01101101";
L41        WHEN 6 => seg<="01111101"; WHEN 7 => seg<="00000111";
L42        WHEN 8 => seg<="01111111"; WHEN 9 => seg<="01101111";
L43        WHEN 10=> seg<="01110111"; WHEN 11=> seg<="01111100";
L44        WHEN 12=> seg<="00111001"; WHEN 13=> seg<="01011110";
L45        WHEN 14=> seg<="01111001"; WHEN 15=> seg<="01110001";
L46        WHEN OTHERS =>NULL;
L47        END CASE;
L48      END PROCESS p2;
L49 END bhv;
L50 ----------------------------------------------------------------------
```

## 5. 实验步骤与结果

波形仿真结果如图 2-50 所示。

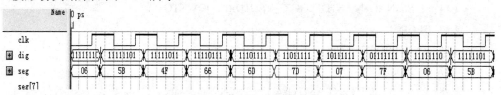

图 2-50　8 位数码扫描显示波形仿真结果

波形仿真正确后，进行硬件验证。请读者自行查找确认引脚号。数码管的扫描频率需要在适当的范围内，这样才能显示清晰的结果。如果频率过低，则不能满足同时显示的要求；但如果频率过高，则会使数码管在显示中有残影，相邻几位相互影响。一般而言，选择几十千赫兹的频率作为扫描频率比较恰当。

### 6. 实验引申

(1) 在例 2-5 的基础上，修改程序，实现在 8 个数码管上同时显示同学们的学号。

(2) 设计一个模 24 的计数器，在数码管上显示计数过程和结果。

提示：首先构成模 24 的十进制计数器，将计数结果按照个位 cnt1 和十位 cnt2 分开保存。然后采用动态扫描显示，设置数码管位选信号 dig，扫描第一位数码管时 (dig<="11111110")，将个位数据赋值给信号 data(data<=cnt1)；扫描第二位数码管时 (dig<="11111101")，将十位数据赋值给信号 data(data<=cnt2)。最后对信号 data 进行译码操作，将译码后的数据输出到数码管的段选端。

# 实验 6 简单状态机的设计

### 1. 实验目的

(1) 掌握状态机的分类。

(2) 掌握状态机的设计方法。

(3) 掌握不同状态机的区别、优缺点。

### 2. 背景知识

在数字系统中，有限状态机是一种十分重要的时序逻辑电路模块。

有限状态机(Finite State Machine，FSM)就是描述一个由有限个独立状态组成的过程，这些状态可以相互迁移。在任意时刻，状态机只能处于有限个状态中的一个。在接收到一个输入事件时，状态机产生一个输出，同时伴随着状态的转移。图 2-51 所示为一个简单的状态转移图。该状态机有 idle、start、work、stop 四个状态，假如状态机目前处于 idle 态，当接收到的外部输入信号为 1 时，状态机转移到 start 态，同时输出 "01"；如果接收到的输入信号为 0，则状态机仍然处于 idle 态，输出 "00"。

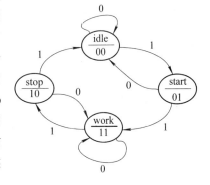

图 2-51 MOORE 型状态机状态图

FSM 按照分类方式的不同有不同的类型：

(1) 按状态机的信号输出方式分：

MOORE 型：输出仅由当前状态决定。

MEALY 型：输出由输入和状态机的当前状态共同决定。

(2) 按结构分：

单进程状态机：又称一段式，即以一个进程完成设计。

多进程状态机：又分为两段式和三段式，即将状态的转移、下一状态的产生、输出的产生分开在不同的进程中实现。

(3) 从状态表达方式上分：

符号化状态机：以文字符号代表每一个状态。

确定状态编码的状态机：以确定的编码方式来对二进制组合进行编码。编码方式包括状态位直接输出型码型、顺序码、格雷码、一位热码等。

(4) 从时钟上分：

同步输出状态机：由时钟信号控制。

异步输出状态机：没有经过时钟信号而直接输出。

从分类方式来看，图 2-51 所示的状态机属于 MOORE 型，因为其输出仅由当前状态决定(将输出直接写在表示状态的圆圈中)，与输入信号无关。MOORE 型状态机框图见图 2-52。图 2-53 所示是一个 MEALY 型状态机，其输出由输入和当前状态共同决定(把输出写在状态变迁处，即箭头处，"/" 符号左边表示输入信号，右边表示输出信号)。图 2-54 是 MEALY 型状态机框图。在后面的实验中，将进一步了解不同类型的状态机，以及它们之间的区别和优缺点。

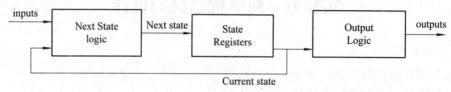

图 2-52　MOORE 型状态机框图

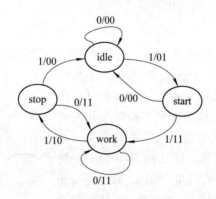

图 2-53　MEALY 型状态机状态图

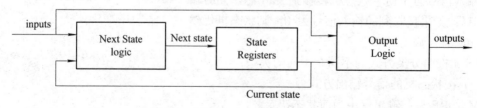

图 2-54　MEALY 型状态机框图

FSM 较一般 VHDL 语言设计有如下优点：

① 设计方案相对固定，程序层次分明，结构清晰，特别是可以定义为符号化枚举类型的状态，使 VHDL 综合器对状态机具有很大的优化功能。

② 容易构成性能良好的同步时序模块，容易消除电路中的毛刺现象。

③ 由纯硬件组成，工作方式是根据控制信号按照预先设定的状态进行顺序运行，使其运行速度和可靠性较好。

在后面的实验中会进一步体会其优点。

### 3. 实验内容与要求

(1) 设计如图 2-51 所示的 MOORE 型状态机，分别采用一段式和多段式设计方法，体会不同的设计结构有什么区别。

(2) 设计如图 2-53 所示的 MEALY 状态机，分别采用符号化状态机和确定状态编码状态机设计，体会不同状态表达方式的区别。

(3) 仔细比较 MOORE 型状态机与 MEALY 型状态机的区别。

### 4. 实验方案

(1) MOORE 型状态机。

【例 2-6】单进程(一段式)状态机。

```
L1    -------------------------------------------------------------------
L2    LIBRARY ieee;
L3    USE ieee.std_logic_1164.all;
L4    -------------------------------------------------------------------
L5    ENTITY d1moore IS
L6        PORT(clk,a,reset  : IN   STD_LOGIC;   --时钟信号 clk、输入信号 a、复位信号 reset
L7              q              : OUT STD_LOGIC_VECTOR(1 DOWNTO 0));  --输出信号 q
L8    END d1moore;
L9    -------------------------------------------------------------------
L10   ARCHITECTURE bhv OF d1moore IS
L11       TYPE stype IS (idle,start,wor,stop);    --自定义数据类型 stype，状态符号化
L12               --由于 work(现行工作库)是 VHDL 预留关键词，这里以 wor 来代表 work 态
L13       SIGNAL state : stype;        --定义信号 state，数据类型为自定义数据类型 stype
L14   BEGIN
L15       PROCESS(clk)
L16       BEGIN
L17         IF reset ='0' THEN state<=idle;            --异步复位信号，低电平复位
L18         ELSIF clk'EVENT AND clk='1' THEN
L19           CASE state IS                    --判断当前所处状态
L20             WHEN idle   =>q<="00";          --当前态是 idle，则输出 q 是"00"
L21                         IF a='1' THEN state<=start; --状态转换
L22                         ELSE state<=idle;
L23                         END IF;
L24             WHEN start  =>q<="01";
L25                           IF a='1' THEN state<=wor;
```

```
L26                        ELSE state<=idle;
L27                        END IF;
L28          when wor =>q<="11";
L29                        IF a='1' THEN state<=stop;
L30                        ELSE state<=wor;
L31                        END IF;
L32          when stop =>q<="10";
L33                        IF a='1' THEN state<=idle;
L34                        ELSE state<=wor;
L35                        END IF;
L36       END CASE;
L37     END IF;
L38   END PROCESS;
L39 END bhv;
L40 -------------------------------------------------------------------
```

【例2-7】多进程(二段式)状态机。

```
L1  -------------------------------------------------------------------
L2  LIBRARY ieee;
L3  USE ieee.std_logic_1164.all;
L4  -------------------------------------------------------------------
L5  ENTITY d2moore IS
L6      PORT(clk,a,reset  : IN   STD_LOGIC;
L7            Q          : OUT STD_LOGIC_VECTOR(1 DOWNTO 0));
L8  END d2moore;
L9  -------------------------------------------------------------------
L10 ARCHITECTURE bhv OF d2moore IS
L11     TYPE stype IS (idle,start,wor,stop);          --自定义数据类型
L12     SIGNAL current_state,next_state : stype;      --定义信号现态和次态
L13 BEGIN
L14   reg: PROCESS(reset,clk)                         --主控时序进程
L15   BEGIN
L16     IF reset ='0' THEN current_state<=idle;       --异步复位信号
L17     ELSIF clk'EVENT AND clk='1' THEN current_state<=next_state;
L18                        --在时钟上升沿时，将信号次态中的具体状态赋值给现态
L19     END IF;
L20   END PROCESS reg;
L21   com:PROCESS(current_state)                      --主控组合进程
L22   BEGIN
L23     CASE current_state IS                         --判断现态
```

```
L24          WHEN idle  =>q<="00";        --如果现态是 idle，则输出 00
L25                  IF a='1' THEN next_state<=start;    --根据输入判断状态转移
L26                  ELSE next_state<=idle;
L27                  END IF;
L28          WHEN start =>q<="01";
L29                   IF a='1' THEN next_state<=wor;
L30                   ELSE next_state<=idle;
L31                   END IF;
L32          WHEN wor   =>q<="11";
L33                  IF a='1' THEN next_state<=stop;
L34                  ELSE next_state<=wor;
L35                  END IF;
L36          WHEN stop =>q<="10";
L37                  IF a='1' THEN next_state<=idle;
L38                  ELSE next_state<=wor;
L39                  END IF;
L40          END CASE;
L41       END PROCESS com;
L42    END bhv;
L43    -----------------------------------------------------------------------------------------------
```

重要知识点：

➢ 自定义数据类型。

例 2-6 和例 2-7 都属于符号化状态机。在这里使用类型定义语句 TYPE 来定义自定义
数据类型 stype。此种定义属于枚举类型，即将该数据类型所有可能的取值一一列举出来。
定义信号 state、current_state、next_state 是自定义数据类型，意味着它们只能取值 idle、start、
wor 和 stop 四种，即状态机的四种状态。但是在实际电路中是以一组二进制的组合来表示
每一个文字符号的，这就是状态编码。综合器会根据设计者需要的约束条件(如资源占用等)
来选择一种编码方式进行编码。如：idle="0000"，star="0001"。

➢ 单进程和多进程结构上的区别。

请读者仔细观察两个例子，可以发现两种形式的结构大体上差不多，都是完成 3 个内
容：描述状态寄存器的时序、下一状态产生的逻辑、输出产生的逻辑。其中下一状态的产
生和输出的产生都是纯组合电路。两段式状态机在结构体内分为两个进程：reg(主控时序进
程)和 com(主控组合进程)，即把下一状态的产生和输出的产生都放在 com 进程中，reg 进
程只是在时钟上升沿到来时，机械地将下一状态 next_state 中的内容送到信号现态
current_state 中，而次态中的内容具体是什么与主控时序进程无关，由主控组合进程决定。

单进程状态机将三个内容的实现都放在了一个进程中完成。三段式设计则是将三个内
容的实现放在三个进程中。请读者自行写出该例三段式的代码。

➢ 使用 Netlist Viewer 工具查看状态转移图。

选择 Tools→Netlist Viewers→State Machine Viewer，可以观察到分析产生的状态转移图

以及转移条件、编码等，见图 2-55 和图 2-56。单进程和多进程结构产生的状态转移图完全一致。

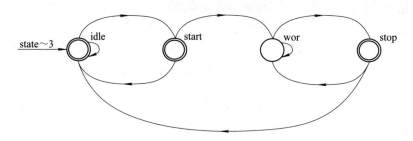

图 2-55　MOORE 型状态机状态转移图

| | Source State | Destination State | Condition |
|---|---|---|---|
| 1 | idle | idle | (!a) |
| 2 | idle | start | (a) |
| 3 | start | idle | (!a) |
| 4 | start | wor | (a) |
| 5 | wor | wor | (!a) |
| 6 | wor | stop | (a) |
| 7 | stop | idle | (a) |
| 8 | stop | wor | (!a) |

**Transitions** / Encoding /

| | Name | stop | wor | start | idle |
|---|---|---|---|---|---|
| 1 | idle | 0 | 0 | 0 | 0 |
| 2 | start | 0 | 0 | 1 | 1 |
| 3 | wor | 0 | 1 | 0 | 1 |
| 4 | stop | 1 | 0 | 0 | 1 |

Transitions / **Encoding** /

图 2-56　状态转移条件和编码

(2) MEALY 型状态机

【例 2-8】符号化状态机。

```
L1   -----------------------------------------------------------------
L2   LIBRARY ieee;
L3   USE ieee.std_logic_1164.all;
L4   -----------------------------------------------------------------
L5   ENTITY d2mealy IS
L6       PORT(clk,a,reset  : IN    STD_LOGIC;
L7             q           : OUT STD_LOGIC_VECTOR(1 DOWNTO 0));
L8   END d2mealy;
L9   -----------------------------------------------------------------
L10  ARCHITECTURE bhv OF d2mealy IS
L11      TYPE stype IS (idle,start,wor,stop);
L12      SIGNAL state          : stype;
L13  BEGIN
L14      regcom:PROCESS(reset,clk)              --实现主控时序进程和下一状态的产生
L15      BEGIN
L16          IF reset ='0' THEN state<=idle;
L17          ELSIF clk'EVENT AND clk='1' THEN
```

```
L18          CASE state IS
L19             WHEN idle      => IF a='1' THEN state<=start;
L20                                ELSE state<=idle;
L21                                END IF;
L22             WHEN start     => IF a='1' THEN state<=wor;
L23                                ELSE state<=idle;
L24                                END IF;
L25             WHEN wor       => IF a='1' THEN state<=stop;
L26                                ELSE state<=wor;
                                   END IF;
L27             WHEN stop      => IF a='1' THEN state<=idle;
L28                                ELSE state<=wor;
L29                                END IF;
L30          END CASE;
L31        END IF;
L32      END PROCESS regcom;
L33      com1:PROCESS(state,a)                    --进程 com，实现输出的产生
L34      BEGIN
L35       CASE state IS
L36        WHEN idle     =>IF a='1' THEN q<="01";
L37                          ELSE q<="00";
L38                          END IF;
L39        WHEN start =>IF a='1' THEN q<="11";
L40                          ELSE q<="00";
L41                          END IF;
L42        WHEN wor      =>IF a='1' THEN q<="10";
L43                          ELSE q<="11";
L44                          END IF;
L45        WHEN stop     =>IF a='1' THEN q<="00";
L46                          ELSE q<="11";
L47                          END IF;
L48       END CASE;
L49     END PROCESS com1;
L50 END bhv;
L51 --------------------------------------------------------------------------
```

【例 2-9】确定状态编码状态机。

该例仅写出状态编码部分，其余部分与例 2-8 相同。这里不再赘述。

```
L1 --------------------------------------------------------------------------
L2   ARCHITECTURE   bhv   OF   en_mealy   IS
```

| L3 | SIGNAL | state | : STD_LOGIC_VECTOR(1 DOWNTO 0); | |
|----|--------|-------|---------------------------------|---|
| L4 | CONSTANT idle | | : STD_LOGIC_VECTOR(1 DOWNTO 0) | :="00"; |
| L5 | CONSTANT start | | : STD_LOGIC_VECTOR(1 DOWNTO 0) | :="01"; |
| L6 | CONSTANT wor | | : STD_LOGIC_VECTOR(1 DOWNTO 0) | :="10"; |
| L7 | CONSTANT stop | | : STD_LOGIC_VECTOR(1 DOWNTO 0) | :="11"; |
| L8 | ---------------------------------------------------------------------------------------------------------------- | | | |

### 5. 实验步骤与结果

(1) MOORE 型状态机。图 2-57 和图 2-58 分别是例 2-6 单进程和例 2-7 多进程 MOORE 型状态机的波形仿真结果。从图中可以看出,二者的激励信号(clk、reset、a)设置完全一致,但是仿真结果却有一些不同。

➢ 二者均为异步复位。当 reset 信号是低电平 0 时,状态立即回到 idle,输出 q="00",与时钟信号无关,不必等待时钟上升沿的到来。

➢ 单进程状态机的输出 q 要比多进程的推后一个时钟周期。在单进程状态机结构中,组合进程和时序进程在同一进程中。case 语句处于测试时钟上升沿的 elsif 语句下,从而导致 q 在下一个时钟上升沿时才会输出。读者可以以第 4 个时钟上升沿到来时分析例 2-6 和 2-7 的程序,进一步确认结果。

➢ 多进程状态机出现了毛刺现象。由于单进程的输出 q 推迟了一个时钟周期,从而避免了竞争冒险结果的输出,即输出信号不会产生毛刺。

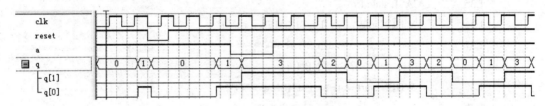

图 2-57　单进程 MOORE 状态机波形仿真

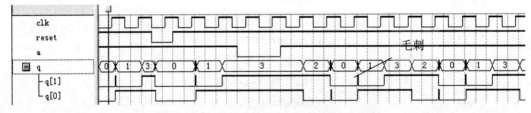

图 2-58　多进程 MOORE 型状态机波形仿真

(2) MEALY 型状态机。图 2-59 是例 2-8 多进程 MEALY 型状态机的波形仿真结果,读者可以联系图 2-58 一起进行分析。二者的激励信号设置仍然完全一致,二者的状态转移图也完全一致。

➢ MEALY 型状态机的输出比 MOORE 型要领先一个周期。分析多进程 MEALY 型状态机,以 reset 信号低电平为例。当 reset='0'时,状态立即变为 idle。状态的变化会触发进程 com1,此时 a='1',则输出 q="01"。请读者依此继续向下分析。

总结来说,一旦输入信号或状态发生变化,输出会立即变化。

请读者自行写出单进程 MEALY 型状态机,并比较波形仿真结果。

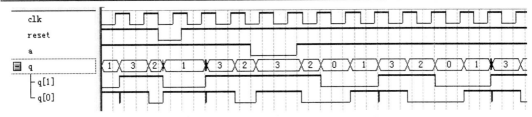

图 2-59 多进程 MEALY 型状态机波形仿真

### 6. 实验引申

(1) 设计一个序列检测器,完成对序列数"11100101"的检测。当这一串序列数高位在前(左移)串行进入检测器后,若此数与预置的密码数相同,则输出"A",否则仍然输出"B"。

提示:检测的关键在于收到的正确码必须是连续的,即要求检测器必须记住前一次的正确码及正确序列,直到在连续检测中收到的每一位码都与预置数对应相同。在检测过程中,若任何一位不相等,都将使检测器回到初始状态重新开始检测。

列出全部可能状态,见表 2-8。

画出状态转移图,写出一段式和两段式状态机,进行波形仿真和硬件验证,确认该状态机是 MOORE 型还是 MEALY 型。

表 2-8 全部可能状态

| 描 述 | 符号化状态 | 输出 |
| --- | --- | --- |
| 未收到一个有效位 | S0 | B |
| 收到一个有效位(1) | S1 | B |
| 连续收到两个有效位(11) | S2 | B |
| 连续收到三个有效位(111) | S3 | B |
| 连续收到四个有效位(1110) | S4 | B |
| 连续收到五个有效位(11100) | S5 | B |
| 连续收到六个有效位(111001) | S6 | B |
| 连续收到七个有效位(1110010) | S7 | B |
| 连续收到八个有效位(11100101) | S8 | A |

(2) 设计十字路口交通灯控制器。假设在 A 方向和 B 方向各有红黄绿三盏灯,每 10 秒变换一次,变换顺序如表 2-9 所示。

表 2-9 交通灯变化情况

| A 方向 | B 方向 |
| --- | --- |
| 绿 | 红 |
| 黄 | 红 |
| 红 | 绿 |
| 红 | 黄 |

提示:以高电平表示在每一时刻对应灯亮,低电平对应灯灭,则一共有 4 个状态,见表 2-10。

表 2-10　交通灯的状态及输出

| 状态 | 输出 | | | | | |
| --- | --- | --- | --- | --- | --- | --- |
| | A 方向 | | | B 方向 | | |
| | 红 | 黄 | 绿 | 红 | 黄 | 绿 |
| S0 | 0 | 0 | 1 | 1 | 0 | 0 |
| S1 | 0 | 1 | 0 | 1 | 0 | 0 |
| S2 | 1 | 0 | 0 | 0 | 0 | 1 |
| S3 | 1 | 0 | 0 | 0 | 1 | 0 |

# 实验 7　数字频率计的设计

## 1．实验目的

(1) 学习较复杂数字系统的设计方法，综合应用计数器、分频器、数码管译码、动态扫描显示等知识。

(2) 学习原理图和 VHDL 语言混合设计。

(3) 进一步掌握软件开发流程和硬件平台的使用。

## 2．背景知识

涉及计数器、分频器、数码管扫描显示等，请查看实验 1～实验 6。

## 3．实验内容

设计一个 4 位十进制频率计。

## 4．实验方案

所谓频率，就是周期信号在单位时间(1 s)内变化的次数。若在一定时间间隔 T 内测得周期信号的重复变化次数是 N，则频率可以表示为 f=N/T。

测控时序原理见图 2-60。fin 是待测信号。根据频率测量的基本原理，测定信号频率需要一个脉宽是 1 s 的计数允许信号、计数完成后将计数值存入锁存器的锁存信号和计数清零信号。这 3 个信号将由测频控制信号发生器产生。测频控制信号发生器 testctl 由输入信号 clkk(周期是 1 s)产生 cnt_en(计数允许信号)、load(锁存信号)、rst_en(清零信号)。信号 cnt_en 的脉宽持续时间是 1 s(即 cnt_en 是信号 clkk 的二分频)，即当 cnt_en='1'时，闸门打开，输出信号 fout，在 1 s 时间内对 fin 的变化次数进行计数。计数完成后，在信号 load(load 是信号 cnt_en 取反)的上升沿进行锁存，然后通过 rst_en='1'进行计数器清零操作，为下一次计数做准备。

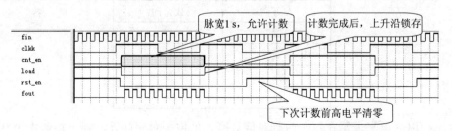

图 2-60　测控时序原理

频率计设计的系统结构见图 2-61。从图中可以看见，整个系统分成测频控制信号发生器、计数器、锁存器、数码管动态扫描电路、译码模块 5 个部分。测频信号发生器用于产生需要的控制信号，其中计数使能信号 cnt_en 和计数清零信号 rst_en 用于控制计数器的计数允许和清零端；信号 load 控制锁存器的锁存使能。锁存后的 4 位十进制计数结果进入动态扫描模块，在扫描频率的作用下， 依次选中每一位数码管，产生位选控制信号，并决定每一位数码管将要显示的十进制数据。然后对选中的数据进行译码操作，产生段选控制信号 seg。这样在 4 位数码管上就能够显示比较稳定的频率结果了。

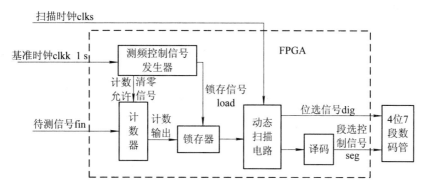

图 2-61　频率计系统框图

【例 2-10】测频控制信号发生器。

```
L1  ------------------------------------------------------------------------
L2  LIBRARY ieee;
L3  USE ieee.std_logic_1164.all;
L4  ------------------------------------------------------------------------
L5  ENTITY testctl IS                              --测频控制信号发生器
L6    PORT(clkk      : IN   STD_LOGIC;            --基准时钟 clkk，周期为 1 s
L7         rst_en    : OUT STD_LOGIC;             --计数清零信号
L8         cnt_en    : OUT STD_LOGIC;             --计数使能信号
L9         load      : OUT STD_LOGIC);            --锁存信号
L10 END testctl;
L11 ------------------------------------------------------------------------
L12 ARCHITECTURE bhv OF testctl IS
L13   SIGNAL div2 : STD_LOGIC;                    --定义信号 div2
L14 BEGIN
L15   p0: PROCESS(clkk)                           --进程 p0，以 clkk 为敏感参数
L16   BEGIN
L17     IF clkk'EVENT AND clkk='1' THEN div2<=NOT div2;
L18                                   --信号 div2 是 clkk 的二分频，即 div2 脉宽是 1s
L19     END IF;
L20   END PROCESS p0;
L21   p1: PROCESS(clkk,div2)                      --进程 p1，以 clkk 和 div2 为敏感参数
L22   BEGIN
```

```
L23         IF clkk='0' AND div2='0' THEN rst_en<='1';
L24         ELSE rst_en<='0';
L25         END IF;
L26      END PROCESS p1;
L27      cnt_en<=div2;              --计数允许信号即为 div2 ，即其脉宽也是 1s
L28      load<=NOT div2;           --锁存信号是计数允许信号取反，保证计数完成后锁存
L29   END bhv;
L30   ------------------------------------------------------------------------------------
```

【例 2-11】十进制计数器。

十进制计数器程序请读者自行完成。需要注意计数位宽是 4 位,从"0000"计数到"1001",
如此循环。在"1001"时,产生进位信号 cout='1'。

【例 2-12】锁存器。

```
L1    ------------------------------------------------------------------------------------
L2    LIBRARY ieee;
L3    USE ieee.std_logic_1164.all;
L4    ------------------------------------------------------------------------------------
L5    ENTITY reg4 IS
L6       PORT(load   : IN   STD_LOGIC;
L7             din   : IN   STD_LOGIC_VECTOR(3 DOWNTO 0);
L8             dout  : OUT STD_LOGIC_VECTOR(3 DOWNTO 0));
L9    END reg4;
L10   ------------------------------------------------------------------------------------
L11   ARCHITECTURE bhv OF   reg4 IS
L12   BEGIN
L13      PROCESS(load,din)
L14      BEGIN
L15        IF load'EVENT AND load='1' THEN dout<=din;      --在 load 上升沿时锁存
L16        END IF;
L17      END PROCESS;
L18   END bhv;
L19   ------------------------------------------------------------------------------------
```

【例 2-13】动态扫描电路。

```
L1    ------------------------------------------------------------------------------------
L2    LIBRARY ieee;
L3    USE ieee.std_logic_1164.all;
L4    USE ieee.std_logic_unsigned.all;
L5    ------------------------------------------------------------------------------------
L6    ENTITY scan IS
L7       PORT(clk       : IN   STD_LOGIC;         --扫描频率
L8             d0,d1,d2,d3: IN   STD_LOGIC_VECTOR(3 DOWNTO 0);
L9                                              --从锁存器输出的 4 位十进制计数结果
```

```
L10              dig         : OUT STD_LOGIC_VECTOR(7 DOWNTO 0);   --位选信号
L11              data        : OUT STD_LOGIC_VECTOR(3 DOWNTO 0));   --选中显示数据
L12  END scan;
L13  ---------------------------------------------------------------------------------------------------
L14  ARCHITECTURE bhv OF scan IS
L15     SIGNAL cnt : INTEGER RANGE 0 TO 3;      --扫描计数信号 cnt
L16  BEGIN
L17     p0:PROCESS(clk)
L18     BEGIN
L19        IF clk'EVENT AND clk='1' THEN cnt<=cnt+1;
L20        END IF;
L21     END PROCESS p0;
L22     p1:PROCESS(cnt)
L23     BEGIN
L24        CASE cnt IS
L25          WHEN 0 =>dig<="11111110";data<=d0;  --打开第一位数码管，显示个位数字
L26          WHEN 1 =>IF (d1 OR d2 OR d3)="0000"  THEN   dig<="11111111";
L27                                        --计数结果前 3 位都为零，关闭第 2 位数码管
L28                      ELSE dig<="11111101";data<=d1;   否则打开第 2 位
L29                        END IF;
L30          WHEN 2 =>IF (d2 OR d3)="0000" THEN dig<="11111111";
L31                                        --计数结果前 2 位都为零
L32                      ELSE dig<="11111011";data<=d2;
L33                        END IF;
L34          WHEN 3 =>IF d3="0000" THEN dig<="11111111";
L35                                        --计数结果最高位为零，关闭最高位数码管
L36                      ELSE dig<="11110111";data<=d3;
L37                        END IF;
L38        END CASE;
L39     END PROCESS p1;
L40  END bhv;
L41  ---------------------------------------------------------------------------------------------------
```

此示例程序使用了 case 和 if 语句的嵌套。请读者自行分析，如果将程序改为例 2-5 所示的动态扫描方式，不使用 if 语句，而直接进行数码管的动态扫描，最后显示的结果与例 2-13 有什么区别？

【例 2-14】译码电路。

译码电路模块程序请读者自行完成。数码管显示编码参见表 2-7。

完成底层模块的 VHDL 语言设计后，可以产生模块元件(在打开相应的 VHDL 文件的基础上，选择 File→Create/Update→Create Symbol Files for Current File 即可，在实验 2 中已讲)，然后新建原理图编辑窗口，调出模块进行顶层原理图的设计。具体顶层原理图见图 2-62。本例调用了 4 个十进制计数器，低一级的进位信号 cout 作为高一级计数器的时钟信号。

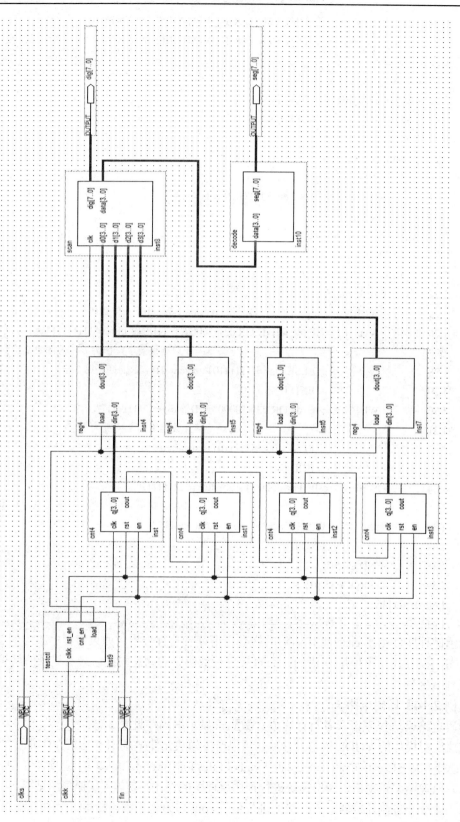

图 2-62　频率计顶层原理图

### 5. 实验步骤与结果

(1) 测频控制信号发生器仿真(见图 2-63)。

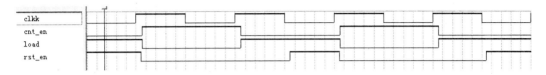

图 2-63　测频控制信号发生器仿真波形

(2) 十进制计数器仿真(见图 2-64)。

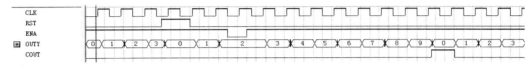

图 2-64　十进制计数器仿真波形

(3) 锁存器仿真(见图 6-65)。

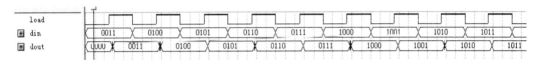

图 2-65　锁存器仿真波形

(4) 顶层原理图仿真。在仿真时，设置基准时钟 clkk 周期是 1 μs(如果把基准时钟设置成 1 s，则等待仿真花费的时间过长)，扫描时钟 clks 周期是 20 ns，待测信号 fin 的周期是 20 ns，仿真结束时间(End Time)是 10 μs。这样，1 μs 内测得的波形重复次数是 50，即两位数码管上段选分别显示 6D 和 3F。

从图 2-66 中可以看到，位选信号 dig 只有两个取值 254(11111110)和 253(11111101)，说明只打开了低两位的数码管。打开最低位数码管时，显示 3F(即 0)；打开第 2 位数码管时，显示 6d(即 5)。

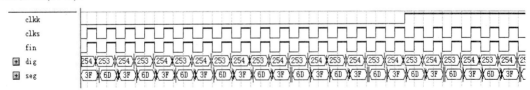

图 2-66　频率计仿真波形

(5) 硬件验证。采用 EDA 综合实验箱模式 5。注意：实验箱虽然能提供 3 个时钟信号：clk0、clk1 和 clk2，但是 clk1 和 clk2 只能任选其一，相当于同时只能提供 2 个时钟信号。这样原设计有 3 个时钟信号(分别是基准时钟 clkk、扫描时钟 clks、待测信号 fin)就不满足要求了。解决办法可以通过在系统中增加一个分频器模块，其输入是实验箱时钟 clk0，频率为 40 MHz，通过将其分频产生 1 s 的基准时钟 clkk 和扫描时钟 clks 即可。然后待测信号 fin 从 clk1 输入。实际上，在现实中硬件也不可能提供很多的时钟信号，采用分频是一个很好的解决办法。

在硬件测试的时候会产生一定的误差，请读者思考误差可能产生的原因。

### 6. 实验引申

(1) 在 4 位十进制频率计的基础上，添加频率测量溢出报警功能(采用发光二极管或者扬声器指示)和量程选择功能(即通过控制信号 measure 来控制测量位数的选择，当 measure ="0"时，为 4 位频率计；measure ="1"时，为 8 位频率计)。

(2) 设计一个数字电子钟，显示格式为 23-59-59，即采用 8 位数码管分别显示小时、分钟、秒，它们之间使用符号"-"分隔开。

提示：系统结构如图 2-67 所示。其中，clk1 是计数时钟，频率为 1 Hz；clk0 是数码管动态扫描时钟。

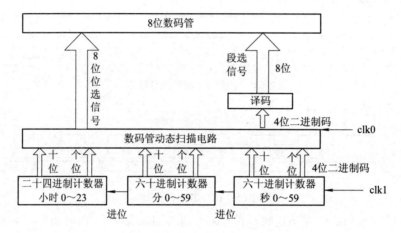

图 2-67　数字钟系统结构框图

# 第 3 章　EDA 技术实验——提高篇 1

# (控制与接口类)

本章包括 5 个实验,主要介绍 EDA 技术在蜂鸣器控制、按键控制、DDS 设计、D/A 转换控制、液晶显示控制等方面的应用,具有一定的实用价值。在进一步掌握 CPLD/FPGA 设计方法的同时,掌握器件的知识也是非常重要的,需要设计者尝试阅读不同器件的数据手册,了解器件工作的基本原理、工作的时序要求等。例如:D/A 转换器的时序要求非常严格,如果不能处理好驱动程序中的时序关系,则会导致数/模转化的失败。读者通过本章的学习,能够将可编程逻辑器件应用于实际硬件的控制。

## 实验 8　硬件电子琴的设计

### 1. 实验目的

(1) 掌握乐曲演奏的基本参数:音调与音长。

(2) 学习使用 FPGA 控制蜂鸣器演奏。

### 2. 背景知识

乐曲演奏的两个基本参数是音调和音长。频率的高低决定音调,持续的时间决定音长。只要控制输出到蜂鸣器的激励信号的频率和时间就可以发出连续的声音。

简谱中音名与频率的关系见表 3-1。音乐的 12 个平均率规定:每两个八度音之间的频率相差一倍,如中音 1 与高音 1 的频率就相差一倍。在两个八度音之间又可以分为 12 个半音。

表 3-1　音名与频率的关系

| 音名 | 频率 | 音名 | 频率 | 音名 | 频率 |
|------|------|------|------|------|------|
| 低音 1 | 261.63 | 中音 1 | 523.25 | 高音 1 | 1046.50 |
| 低音 2 | 293.67 | 中音 2 | 587.33 | 高音 2 | 1174.66 |
| 低音 3 | 329.63 | 中音 3 | 659.25 | 高音 3 | 1318.51 |
| 低音 4 | 349.23 | 中音 4 | 698.46 | 高音 4 | 1396.92 |
| 低音 5 | 391.99 | 中音 5 | 783.99 | 高音 5 | 1567.98 |
| 低音 6 | 440 | 中音 6 | 880 | 高音 6 | 1760 |
| 低音 7 | 493.88 | 中音 7 | 987.76 | 高音 7 | 1975.52 |

## 3. 实验内容

利用 8 个按键作为硬件电子琴的琴键，每按下一个按键，分别产生从中音 1 到高音 1 的 8 个音调；用发光二极管显示当前按键所代表的音调。

## 4. 实验方案

可将系统划分为两个模块 ToneTab 和 speak，见图 3-1。ToneTab 模块是音调发生器，当 8 个输入按键 key 中的任意一个被按下时，对应该按键音调的数值将从 Tone 端口输出，作为 speak 模块的分频预置数输入；同时由输出端 Code 连接到发光二极管，显示当前按键的音名数字，如中音 "5"。模块 speak 是一个分频模块，它将系统时钟信号 clk 分频，具体分频数由 Tone 决定，分频后产生各音调频率的声音，向蜂鸣器输出。

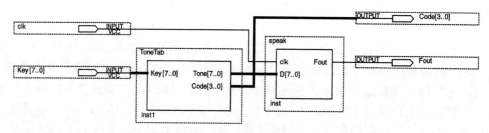

图 3-1　硬件电子琴功能模块结构

【例 3-1】模块 ToneTab。

```
L1    -------------------------------------------------------------------------------------------
L2    LIBRARY ieee;
L3    USE ieee.std_logic_1164.all;
L4    USE ieee.std_logic_unsigned.all;
L5    -------------------------------------------------------------------------------------------
L6    ENTITY ToneTab IS
L7        PORT(Key  : IN   STD_LOGIC_VECTOR(7 DOWNTO 0);    --8 个琴键按键
L8            Tone : OUT STD_LOGIC_VECTOR(7 DOWNTO 0);      --产生分频预置数
L9            Code : OUT STD_LOGIC_VECTOR(3 DOWNTO 0));     --显示音调数字
L10   END ToneTab;
L11   -------------------------------------------------------------------------------------------
L12   ARCHITECTURE bhv OF ToneTab IS
L13   BEGIN
L14       P_Search :PROCESS(Key)
L15       BEGIN
L16         CASE Key IS
L17           WHEN "01111111" => Tone <= "11011010"; Code <= "1000";    --高音 1
L18           WHEN "10111111" => Tone <= "11011000"; Code <= "0111";    --中音 7
L19           WHEN "11011111" => Tone <= "11010011";Code <= "0110";     --中音 6
L20           WHEN "11101111" => Tone <= "11001101"; Code <= "0101";    --中音 5
L21           WHEN "11110111" => Tone <= "11000111"; Code <= "0100";    --中音 4
```

```
L22        WHEN "11111011" => Tone <= "11000011"; Code <= "0011"; --中音 3
L23        WHEN "11111101" => Tone <= "10111100"; Code <= "0010"; --中音 2
L24        WHEN "11111110" => Tone <= "10110100"; Code <= "0001"; --中音 1
L25        WHEN OTHERS    => Tone <= "11111111"; Code <= "0000";
L26                                              --没有按键按下或多个键同时按下
L27      END CASE;
L28    END PROCESS P_Search;
L29 END bhv;
L30 ----------------------------------------------------------------------------
```

【例 3-2】模块 speak。

```
L1  ----------------------------------------------------------------------------
L2  LIBRARY ieee;
L3  USE ieee.std_logic_1164.all;
L4  USE ieee.std_logic_unsigned.all;
L5  ----------------------------------------------------------------------------
L6  ENTITY speak IS
L7    PORT(clk  : IN   STD_LOGIC;                      --40 MHz 系统时钟
L8         D    : IN   STD_LOGIC_VECTOR(7 DOWNTO 0);   --分频预置数
L9         Fout : OUT STD_LOGIC);                      --输出音调频率
L10 END speak;
L11 ----------------------------------------------------------------------------
L12 ARCHITECTURE bhv OF speak IS
L13   SIGNAL clk1 : STD_LOGIC;
L14   SIGNAL Full : STD_LOGIC;
L15 BEGIN
L16   P_Div : PROCESS(clk)             --将系统时钟分频，产生时钟信号 clk1,80 kHz
L17     VARIABLE CNT10 : STD_LOGIC_VECTOR(8 DOWNTO 0);
L18   BEGIN
L19     IF clk 'EVENT AND clk = '1' THEN
L20       IF CNT10  = "111111111" THEN CNT10 := "000000000";   clk1 <= '1';
L21       ELSE CNT10 := CNT10 + 1;   clk1 <= '0';
L22       END IF;
L23     END IF;
L24   END PROCESS P_Div;
L25   P_Reg : PROCESS(clk1)              --对 clk1 进行分频，分频预置初值是 D
L26     VARIABLE CNT8 : STD_LOGIC_VECTOR(7 DOWNTO 0);
L27   BEGIN
L28     IF clk1 'EVENT AND clk1 = '1' THEN
```

```
L29        IF CNT8 = "11111111" THEN CNT8 := D; Full <= '1';
L30        ELSE CNT8 := CNT8 + 1; Full <= '0';
L31        END IF;
L32      END IF;
L33    END PROCESS P_Reg;
L34    P_Fout : PROCESS(Full)              --将 full 信号二分频
L35      VARIABLE CNT : STD_LOGIC;
L36    BEGIN
L37      IF Full 'EVENT AND Full = '1' THEN CNT := NOT CNT;
L38        IF CNT = '1' THEN Fout <= '1';
L39        ELSE Fout <= '0';
L40        END IF;
L41      END IF;
L42    END PROCESS P_Fout;
L43  END bhv;
L44  ----------------------------------------------------------------------------------------------------
```

重要知识点：

➢ 如何计算分频预置数 Tone？

从设计中可以看出，最后输向蜂鸣器的信号是 Fout。信号 Fout 是信号 Full 的二分频，即 $f_{Fout} = f_{Full}/2$；而信号 Full 是信号 clk1 的分频，分频结果由分频预置数 D 决定，即 $f_{Full}=f_{clk1}/(11111111 - D + 1)$，参见实验 4。信号 clk1 是信号 clk 的 512 分频，即频率为 80 kHz。这样最后输出的 Fout 信号的频率应是 $F_{fout} = 80$ kHz$/[2 \times (255 - D + 1)]$。以中音 6 为例，要产生 880Hz 的信号，需要预置数 D = 11010011。计算得到的分频数可以四舍五入。

➢ 将系统时钟 clk 分频的目的。

由于音调频率多是非整数，而分频系数在本设计中又不能是小数，故需要四舍五入取整。如果基准频率过低，则由于分频系数过小，四舍五入后的误差就会比较大。但是如果基准频率过高，虽然误码变小，但会将分频结构变大。一般在实际设计时，综合考虑这两方面的因素，在尽量减小频率误差的前提下取合适的基准频率。本例选择 80 kHz。实际上，只要各音调间的对应频率关系不变，音乐听起来就不会走调。

➢ 将分频信号 Full 再次二分频的目的。

为什么不直接使用 Full 信号去激励蜂鸣器，而是要将其再做一次分频呢？

Full 信号的正脉冲持续的时间比较短，并不是一个方波，其能量无法驱动蜂鸣器，所以将其二分频产生方波信号。

➢ 没有按键按下时，系统的操作是什么？

当没有按键按下时，我们希望不做任何操作，即蜂鸣器不发声。选择预置信号"11111111"，导致信号 Full 永远为高电平 1。

## 5. 实验步骤与结果

选择模式 5，硬件引脚锁定见表 3-2。

表 3-2　硬件电子琴引脚锁定

| 端口名 | 引脚名 | 引脚号 |
|---|---|---|
| Key[7..0] | SW7～SW0 | 104/103/101/100/99/98/87/86 |
| Code[3..0] | D0～D3 | 60/64/65/66 |
| Fout | Bell | 53 |

### 6. 实验引申

设计一个乐曲自动演奏电路，能够实现乐曲"雪绒花"的演奏。

提示：在原设计的基础上增加一个模块，用于产生音长和音调选择信号。在模块内放置一个乐曲曲谱真值表(即调用一个 ROM，每一个存储空间内保存一个用于产生适当分频预置数的数据，该数据能够通过分频比的选择，产生相应的音调)，再由一个计数器的计数值来控制此真值表的输出，而此计数器的计数时钟信号作为乐曲节拍控制信号。例如：计数器的时钟信号频率是 4 Hz，即每选择一个数据的时间是 1/4 s，相当于全音符设置为 1 秒，四四拍的 4 分音符持续时间。如果一个音符停留了 3 个时钟节拍，则需要在 ROM 中连续存储 3 次相对应的数据，才能保证其音长。随着计数器按 4 Hz 的时钟速率作加法计数，即 ROM 地址不断递增，从 ROM 内就能够不断地输出需要的分频预置数，乐曲就自动演奏起来了。另一方面，计数器的最大值应与 ROM 中存储的数据数量对应起来，以保证乐曲能够连续循环演奏。

# 实验 9　矩阵键盘扫描电路

### 1. 实验目的

(1) 掌握矩阵按键的扫描原理。

(2) 掌握按键去抖的方法。

(3) 学习用 VHDL 语言设计较复杂电路。

### 2. 背景知识

矩阵键盘又称为行列式键盘，其目的是为了减少 I/O 口的使用，而将按键排列成矩阵形式。

单个按键的基本原理见图 3-2。当按键按下后，电路接通，IN 端为低电平；当按键放开后，电路断开，IN 端为高电平。这样，就可以通过 IN 端电平的高低来确认按键是否按下。

矩阵按键的基本原理见图 3-3。它是用 4 条 I/O 线作为行线，4 条 I/O 线作为列线组成的键盘。在行线和列线的每一个交叉点上，设置一个按键，这样键盘中的按键个数就是 $4 \times 4 = 16$ 个。

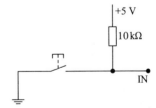

图 3-2　单个按键工作原理

如何确定 $4 \times 4$ 按键中哪个键被按下了呢？这就需要进行键盘的行列扫描。

由于按键是一种机械开关，核心部件是弹性金属簧片，因而在开关切换的瞬间会在接触点出现来回弹跳的现象，见图 3-4。弹跳现象是客观存在的问题，对于灵敏度比较高的电路，这种现象引起的信号抖动会造成误动作而影响到系统的正确性。抖动时间的长短由按键的机械特性决定，一般为(5～10) ms。键盘去抖主要有计数器延时、状态机延时、D 触发器延时、采样型防抖电路等方法。

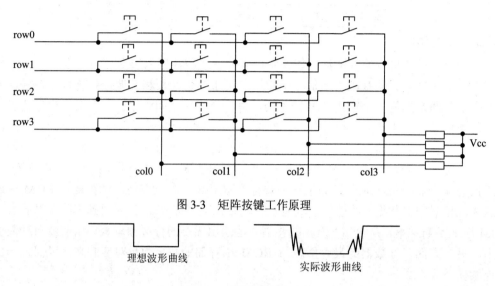

图 3-3  矩阵按键工作原理

理想波形曲线                  实际波形曲线

图 3-4  按键抖动波形

### 3. 实验内容

(1) 在时钟控制下循环扫描矩阵键盘，确定按键位置，并将按键值显示在 7 段数码管上。按键位置和按键键值对应见图 3-5。

(2) 设计一个两位十进制计数器电路。每按键一次，计数器做加 1 操作；加满 99 后，再次按键清零。设计按键去抖电路。

### 4. 实验方案

(1) 矩阵按键扫描。该工程可以分为几个模块，分别是行列扫描模块、译码模块和显示模块。

① 行列扫描模块。该模块的功能是通过进行矩阵按键扫描，确认哪一个按键被按下，从而获得按键键值。

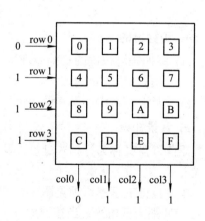

图 3-5  按键位置与按键键值对应

仔细观察实验箱矩阵按键电路结构，可知需要控制扫描信号 row 的输出，将扫描信号 col 作为输入信号，然后根据行及列的扫描结果进行译码。实验箱所采用的矩阵按键基本原理同图 3-3 所示。设置扫描时钟 clk，在每一次时钟的上升沿时，控制 FPGA 向矩阵按键轮流输出 1110、1101、1011、0111，以实现对 row 的扫描。假如现在输出 1110，即第 0 行(row0)被拉低，此时如果该行没有按键按下，则电路断开，按键每 1 列输出高电平。假设按键 0 被按下，则第一列电路接通，col0 输出低电平，其余各列仍然是高电平，见图 3-5。

② 译码模块。将按键键值转化为 7 段数码管的编码。

③ 显示模块。本例采用静态显示，打开一位数码管即可。

【例 3-3】实验内容(1)示例程序。

```
L1  ----------------------------------------------------------------------
L2  LIBRARY ieee;
L3  USE ieee.std_logic_1164.all;
L4  ----------------------------------------------------------------------
L5  ENTITY keyscan IS                              --定义实体 keyscan
L6    PORT(clk    : IN   STD_LOGIC;                --矩阵键盘扫描时钟
L7         col    : IN   STD_LOGIC_VECTOR(3 DOWNTO 0);  --获取按键列信号 col
L8         row    : OUT STD_LOGIC_VECTOR(3 DOWNTO 0);   --FPGA 输出控制行信号 row
L9         dig    : OUT STD_LOGIC_VECTOR(7 DOWNTO 0);   --数码管位选信号
L10        seg    : OUT STD_LOGIC_VECTOR(7 DOWNTO 0));  --数码管段选信号
L11 END keyscan;
L12 ----------------------------------------------------------------------
L13 ARCHITECTURE bhv OF keyscan IS
L14   SIGNAL cnt          : INTEGER RANGE 0 TO 3;        --扫描计数信号
L15   SIGNAL row_temp     : STD_LOGIC_VECTOR(3 DOWNTO 0);   --行控制信号
L16   SIGNAL key_code     : INTEGER RANGE 0 TO 15;       --按键键值
L17 BEGIN
L18   row<=row_temp;                   --将行控制信号赋给行输出
L19   dig<="11111110";                 --打开第 1 位数码管
L20   p0:PROCESS(clk)                  --进程 p0,实现扫描计数
L21    BEGIN
L22     IF clk'EVENT AND clk='1' THEN cnt<=cnt+1;
L23     END IF;
L24   END PROCESS p0;
L25   p1:PROCESS(cnt)                  --进程 p1,轮流扫描每行
L26    BEGIN
L27     CASE cnt IS
L28       WHEN 0 => row_temp<="1110";   --扫描 row0,将第 1 行拉低
L29       WHEN 1 => row_temp<="1101";   --扫描 row1,将第 2 行拉低
L30       WHEN 2 => row_temp<="1011";   --扫描 row2,将第 3 行拉低
L31       WHEN 3 => row_temp<="0111";   --扫描 row3,将第 4 行拉低
L32     END CASE;
L33   END PROCESS p1;
L34   p2:PROCESS(clk,row_temp)         --进程 p2,扫描列
L35    BEGIN
L36     IF clk'EVENT AND clk='1' THEN
```

```
L37        CASE   row_temp IS
L38          WHEN "1110" =>              --扫描第 1 行时
L39              CASE col IS      --进行列扫描
L40                  WHEN "1110" => key_code<=0;      --col0 是低电平，按键 0 按下
L41                  WHEN "1101" => key_code<=1;      --col1 是低电平，按键 1 按下
L42                  WHEN "1011" => key_code<=2;      --col2 是低电平，按键 2 按下
L43                  WHEN "0111" => key_code<=3;      --col3 是低电平，按键 3 按下
L44                  WHEN OTHERS =>NULL;
L45              END CASE;
L46          WHEN "1101" =>              --扫描第 2 行时
L47              CASE col IS        --进行列扫描
L48          WHEN "1110" => key_code<=4;   --col0 是低电平，按键 4 按下
L49                  WHEN "1101" => key_code<=5;   --col1 是低电平，按键 5 按下
L50                  WHEN "1011" => key_code<=6;   --col2 是低电平，按键 6 按下
L51                  WHEN "0111" => key_code<=7;   --col3 是低电平，按键 6 按下
L52                  WHEN OTHERS =>NULL;
L53              END CASE;
L54          WHEN "1011" =>
L55              CASE col IS
L56                  WHEN "1110" => key_code<=8;
L57                  WHEN "1101" => key_code<=9;
L58                  WHEN "1011" => key_code<=10;
L59                  WHEN "0111" => key_code<=11;
L60                  WHEN OTHERS =>NULL;
L61              END CASE;
L62          WHEN "0111" =>
L63              CASE col IS
L64                  WHEN "1110" => key_code<=12;
L65                  WHEN "1101" => key_code<=13;
L66                  WHEN "1011" => key_code<=14;
L67                  WHEN "0111" => key_code<=15;
L68                  WHEN OTHERS =>null;
L69              END CASE;
L70          WHEN OTHERS =>NULL;
L71      END CASE;
L72      END IF;
L73  END PROCESS p2;
L74  p3:PROCESS(key_code)        --进程 p3，译码
L75  BEGIN
```

```
L76        CASE key_code IS
L77          WHEN 0 =>seg<="00111111";
L78          WHEN 1 =>seg<="00000110";
L79          WHEN 2 =>seg<="01011011";
L80          WHEN 3 =>seg<="01001111";
L81          WHEN 4 =>seg<="01100110";
L82          WHEN 5 =>seg<="01101101";
L83          WHEN 6 =>seg<="01111101";
L84          WHEN 7 =>seg<="00000111";
L85          WHEN 8 =>seg<="01111111";
L86          WHEN 9 =>seg<="01101111";
L87          WHEN 10=>seg<="01110111";
L88          WHEN 11=>seg<="01111100";
L89          WHEN 12=>seg<="00111001";
L90          WHEN 13=>seg<="01011110";
L91          WHEN 14=>seg<="01111001";
L92          WHEN 15=>seg<="01110001";
L93        END CASE;
L94      END PROCESS p3;
L95  END bhv;
L96  -------------------------------------------------------------------
```

重要知识点：

➢ 数据类型是整型的数据对象需要定义取值范围。

整型数据是用 32 位的位向量来表示的，最大范围是 $-(2^{31}-1)\sim 2^{31}-1$，即 $-2\ 147\ 483\ 647\sim 2\ 147\ 483\ 647$。如果不定义其取值范围，将会默认为 32 位，但是在程序中只用到了 4 位，会造成巨大的资源浪费。

➢ 为什么定义信号 rom_temp，直接使用 row 可以吗？

答案是否定的。row 是输出信号，而在程序中 p2 进程里，需要读取 row 的值(语句 case rom_temp is)，判断扫描行。

(2) 按键计数器。设计一个按键计数器，包含计数模块、译码模块、显示模块。

【例 3-4】实验内容(2)示例程序。

```
L1   -------------------------------------------------------------------
L2   LIBRARY ieee;
L3   USE ieee.std_logic_1164.all;
L4   USE ieee.std_logic_unsigned.all;
L5   -------------------------------------------------------------------
L6   ENTITY key_cnt IS
L7     PORT(key  : IN   STD_LOGIC;          --按键键值
L8          clks : IN   STD_LOGIC;          --数码管扫描时钟
```

```
L9          dig   : OUT STD_LOGIC_VECTOR(7 DOWNTO 0);    --位选信号
L10         seg   : OUT STD_LOGIC_VECTOR(7 DOWNTO 0));   --段选信号
L11  END key_cnt;
L12  --------------------------------------------------------------------------------------------------------------
L13  ARCHITECTURE bhv OF key_cnt IS
L14    SIGNAL data    : STD_LOGIC_VECTOR(3 DOWNTO 0);    --数码管显示数据
L15    SIGNAL cnt1,cnt2 : STD_LOGIC_VECTOR(3 DOWNTO 0);
L16                                    --cnt1 为个位计数结果，cnt2 为十位计数结果
L17    SIGNAL cout     : STD_LOGIC;                --个位计数进位信号
L18    SIGNAL cnts     : INTEGER RANGE 0 TO 1;     --扫描计数信号
L19  BEGIN
L20    p0:PROCESS(key)                              --进程 p0，实现个位计数
L21    BEGIN
L22      IF   key 'EVENT AND key='0' THEN        --以按键作为时钟信号，实现计数
L23        IF cnt1="1001" THEN cnt1<="0000";cout<='1';
L24                                    --个位记满 9 后，清零，产生进位信号
L25        ELSE cnt1<=cnt1+1;cout<='0';      --否则，继续计数
L26        END IF;
L27      END IF;
L28    END PROCESS p0;
L29    p1:PROCESS(cout)                    --进程 p1，实现十位计数
L30    BEGIN
L31      IF cout'EVENT AND cout='1' THEN
L32        IF cnt2="1001" THEN    cnt2<="0000";
L33        ELSE cnt2<=cnt2+1;
L34        END IF;
L35      END IF;
L36    END PROCESS p1;
L37    p2:PROCESS(clks)         --进程 p2，实现数码管扫描计数
L38    BEGIN
L39      IF clks'EVENT AND clks='1' THEN cnts<=cnts+1;
L40      END IF;
L41    END PROCESS p2;
L42    p3: PROCESS(cnts)        --进程 p3，数码管扫描
L43    BEGIN
L44      CASE cnts IS
L45       WHEN 0 =>dig<="11111110";data<=cnt1;
L46       WHEN 1 => IF cnt2="0000" THEN dig<="11111111";
L47                 ELSE dig<="11111101";data<=cnt2;
```

```
L48                    END IF;
L49             END CASE;
L50        END PROCESS p3;
L51        p4:PROCESS(data)        --进程 p4，译码
L52        BEGIN
L53          CASE data IS
L54            WHEN "0000" => seg<="00111111";
L55            WHEN "0001" => seg<="00000110";
L56            WHEN "0010" => seg<="01011011";
L57            WHEN "0011" => seg<="01001111";
L58            WHEN "0100" => seg<="01100110";
L59            WHEN "0101" => seg<="01101101";
L60            WHEN "0110" => seg<="01111101";
L61            WHEN "0111" => seg<="00000111";
L62            WHEN "1000" => seg<="01111111";
L63            WHEN "1001" => seg<="01101111";
L64            WHEN OTHERS =>null;
L65          END CASE;
L66        END PROCESS p4;
L67  END bhv;
L68  -------------------------------------------------------------------------------------
```

完成该例后，进行硬件验证。按键 10 次，却发现数码管显示 18，见图 3-6。其原因就是按键抖动使得计数发生误判，把一次按键当做几次按键了。

解决的办法就是按键消抖。消抖的主要方法可以归纳为延时和采样。前面讲到，按键抖动时间一般为(5~10) ms。当检测到有按键按下时，启动一个延时程序(延时 10 ms)，然后再次检测有无按键按下。如有，则输出去抖后的按键信号；反之，认为是抖动，即无键按下。

图 3-6　按键抖动造成计数错误

具体有以下几种消抖方法。

① 计数器型消抖，见例 3-5。

【例 3-5】计数器型消抖例程。

```
L1   -------------------------------------------------------------------------------------
L2   LIBRARY ieee;
L3   USE ieee.std_logic_1164.all;
L4   USE ieee.std_logic_unsigned.all;
L5   -------------------------------------------------------------------------------------
L6   ENTITY dely IS
L7        PORT(clk          : IN   STD_LOGIC;        --计数时钟
```

L8　　　　　　key　　　　: IN　STD_LOGIC;　　　　--按键键值

L9　　　　　　key_dely　: OUT STD_LOGIC);　　　--去抖后输出信号

L10　END dely;

L11　-------------------------------------------------------------------------------------------------------

L12　ARCHITECTURE bhv OF dely IS

L13　　　SIGNAL cnt　　　:STD_LOGIC_VECTOR(13 DOWNTO 0);　--计数信号

L14　BEGIN

L15　　　PROCESS(clk)

L16　　　BEGIN

L17　　　　IF clk'EVENT AND clk='1' THEN

L18　　　　　IF key='0' THEN　　　　　　　　　　--假如按键按下，按键按下为低电平

L19　　　　　　IF cnt="11111111111111"　THEN　　key_dely<='0';

L20　　　　　　　--延时后，如果 key 仍然为 0，则 key_dely 输出 0，确认按键按下

L21　　　　　　ELSE cnt<=cnt+1;key_dely<='1';　--延时时间未到，继续计数，输出 1

L22　　　　　　END IF;

L23　　　　　ELSE cnt<=(OTHERS=>'0');key_dely<='1';

L24　　　　　　　--如果 key 不为 0 时，计数器清零，输出 1，没有按键按下

L25　　　　　END IF;

L26　　　　END IF;

L27　　　END PROCESS;

L28　END bhv;

L29　-------------------------------------------------------------------------------------------------------

　　本例的重点在于延时时间的计算。从示例中可以看到计数器从全 0 记满全 1，需要计数 16 383 次。如果 clk 时钟频率是 1 MHz，则延时为 16.3 ms，满足抖动最大 10 ms 的要求。当然，读者也可以根据需要的延时时间自己设置合适的计数器位宽和计数终值。

　　② D 触发器型消抖。此方法通过信号每经过一个 D 触发器，输出较输入延时一个时钟来进行延时，见图 3-7。请读者自行确定延时时间与哪些因素有关，确定合适的延时时间，然后写出程序。

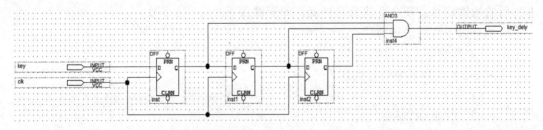

图 3-7　D 触发器型消抖电路

　　③ 状态机消抖。如图 3-8 所示，设置 S0、S1、S2、S3、S4、S5 共 6 个状态。如果按键按下(key='0')，则从 S0 态转移到 S1 态。接下来，再连续判断 3 次按键是否按下，如果在任一状态按键已经弹起，则认为是抖动，返回 S0 态。在 S4 态，如果按键仍然按下，则转

移到 S5 态，输出 key_dely<='0'，表示确认按键按下。在其余状态，输出 key_dely<='1'，表示按键弹起。请读者自行写出程序，根据时钟频率、状态转移等计算合适的延时时间。

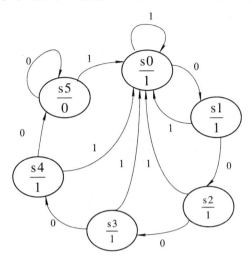

图 3-8　状态机消抖状态转移图

④ 采样防抖电路。如果相邻多次的采样数据相同，则可以认为信号稳定有效。人的按键速度最多 10 次/秒，即一次按键时间为 100 ms，有效按下时间可估算为 50 ms。取采样时钟周期 T=10 ms，则一次按键可以采样 5 次，而抖动一般小于 10 ms，至多采样到 1 次。请读者自行设计电路。采样防抖基本原理如图 3-9 所示。

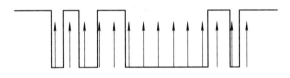

图 3-9　采样防抖基本原理

将例 3-4 和例 3-5 分别封装成元件，则去抖后的顶层原理图见图 3-10。请读者自行写出其顶层 VHDL 语言设计。

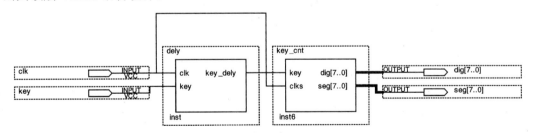

图 3-10　去抖后的按键计数器顶层原理图

### 5. 实验步骤与结果

(1) 矩阵按键扫描。将硬件引脚锁定后，可以直接观察到最后结果。引脚锁定时，注意行 row 和列 col 的高低位要与实验箱电路图中的高低位对应起来。

(2) 按键计数器。消抖电路波形见图 3-11。前两次 key='0' 都属于抖动，不能满足延时要求，因此 key_dely 输出 1。第 3 次 key='0' 后，再次开始计数，记满全 1 后，key 仍然为 0，因此确认按键按下，输出 key_dely 为 0。添加按键消抖后，再次按键 10 次，便可观察到正确的计数结果了，如图 3-12 所示。

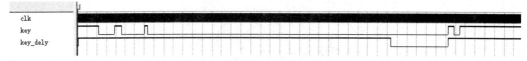

图 3-11　消抖电路波形

图 3-12　添加消抖后正确的计数结果

**6. 实验引申**

(1) 在例 3-3 的基础上，添加存储功能，使按键弹起后，数码管仍然能够显示键值，直到下一次按键按下。

(2) 在例 3-3 的基础上，添加移位存储功能，能够保存每次按键的键值，并向左移位。同时对按键进行消抖设计。

提示：设计一个移位寄存器模块。

# 实验 10　直接数字频率合成器(DDS)设计

**1. 实验目的**

(1) 掌握直接数字频率合成器的原理。

(2) 掌握直接数字频率合成器的设计方法。

(3) 学习嵌入式逻辑分析仪 SignalTab II 的使用方法。

**2. 背景知识**

1971 年 3 月，美国学者 J.Tierncy、C.M.Rader 和 B.Gold 首次提出了直接数字频率合成技术(Direct Digital Synthesizer，DDS)。这是一种从相位概念出发，直接合成所需波形的一种频率合成技术。一个数字频率合成器由相位累加器、加法器、波形存储 ROM、D/A 转换器、低通滤波器(LPF)构成。DDS 原理框图如图 3-13 所示。其中，F 为频率控制字，控制输出波形频率；N 为相位取值精度，即将一个周期的波形分为 $2^N$ 个点，每个点对应相应的波形数据和相位，相位步进为 $(2\pi)/2^N$；P 为相位控制字，控制输出波形相位；W 为波形控制字，控制输出波形是正弦波还是方波等；S(N)为存储器 ROM 的地址线宽，即 ROM 内一共有 $2^{S(N)}$ 个储存单元用于存储几种波形各一个周期的波形数据，如果只存储一种波形数据，则存储单元数 $2^{S(N)} = 2^N$，如果存储两种波形数据，则 $2^{S(N)} = 2 \times 2^N$，即每种波形需要 $2^N$ 个存储单元，与相位取值精度 N 将一个周期的波形分为 $2^N$ 个点对应起来；ROM 内每个单元存储波形数据的宽度为 M。

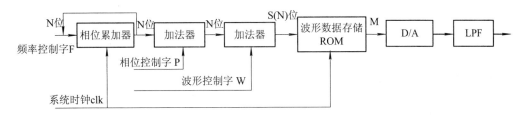

图 3-13　DDS 原理框图

(1) 频率控制字 F 和相位累加器。在系统时钟 clk 控制下，ROM 存储的波形数据将不断被读取。假设系统时钟频率是 fc，则读完一个周期的波形数据需要的时间 $T = (1/fc) \times 2^N$，即输出波形频率 $f0 = 1/T = fc/2^N$。

频率控制字 F 又称为相位增量。它的含义是每次读数时，将上一次 ROM 的地址增加 F，即每隔 F 个点读取一次，见图 3-14，这时相位增加 $F \times (2\pi/2^N)$。因为读完一个周期(即一个圆周)的波形数据，要比每隔一个点读取一次快 F 倍，所以通过频率控制字 F 后输出波形的频率变为 $f0 = F \times (fc/2^N)$。当 F = 1 时，DDS 输出最低频率 $fc/2^N$；而 DDS 的最大输出频率是 $fc/2$，即 $F = 2^{N-1}$，由 Nyquist 采样定理决定。只要 N 足够大，DDS 就可以得到很细的频率间隔，即足够精度的频率分辨率 $fc/2^N$。当然在 F 越大，取样点越少，频率越高的同时，波形越粗糙。

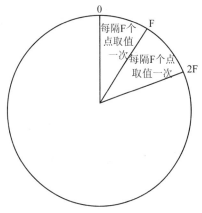

图 3-14　相位累加器输出

(2) 相位控制字 P 和加法器。把相位累加器的输出与相位控制字 P 相加，相当于将需要取值的地址向后移动 P 个，则波形相位变化 $P \times (2\pi/2^N)$。

(3) 波形控制字 W 和加法器。在波形存储器 ROM 中的波形数据是分块存储的。当波形控制字 W 改变时，波形存储器的地址输入为改变相位后的地址输出加上波形控制字 W(不同波形存储的地址)。如果相位精度 N=8，则每种波形需要 256 个存储空间，两种波形需要512 个存储空间。设计者可以将正弦信号存储在 0～255 这 256 个存储空间中，而将方波信号存储在 256～511 这 256 个空间中。那么可以设置控制信号 WCTL，当 WCTL = '1' 时，W = 0，指向正弦信号；当 WCTL = '0' 时，W = 256，指向方波信号。

(4) D/A 转换器。D/A 转换器的作用是把从 ROM 中取出的波形数据转换为模拟量。D/A 转换也有一定的精度要求。

(5) LPF。D/A 输出的波形为阶梯型，除了主频外，还存在非谐波分量，需要通过低通滤波器(LPF)取出主频，得到光滑的波形。

### 3. 实验内容

系统时钟 clk 的频率 fc = 1 MHz，设计一个直接数字频率合成器，能够输出正弦波和方波两种波形，频率控制字 F = 1，2，4，6，8。波形数据相位精度 N=8，数据宽度 M=8。

### 4. 实验方案

从实验内容分析可知，每种波形在一个周期内需要保存 $2^N = 2^8 = 256$ 个波形数据，其波形的频率分辨率是 $fc/2^8 = 1 \text{ MHz}/256 = 3.9 \text{ kHz}$。由于需要保存两种波形的波形数据，所以波形数据存储器 ROM 的地址线宽 S(N) = 9，即需要有 $2^9 = 512$ 个存储空间。这样，可以分配 0～255 的存储空间保存正弦信号，256～511 的存储空间保存方波信号。

本例可以分为 3 个模块：频率控制模块、波形控制模块和波形数据存储模块。

(1) 频率控制模块。该模块通过按键产生不同的频率控制字 F，以便得到不同输出频率的波形。

### 【例 3-6】

```
L1   -----------------------------------------------------------------------------------------------
L2   LIBRARY ieee;
L3   USE ieee.std_logic_1164.all;
L4   USE ieee.std_logic_unsigned.all;
L5   -----------------------------------------------------------------------------------------------
L6   ENTITY fctl IS
L7       PORT(clk: IN    STD_LOGIC;                       --系统时钟 clk，频率 fc=1 MHz
L8             key: IN    STD_LOGIC_VECTOR(3 DOWNTO 0);    -- 4 位输入按键
L9             add: OUT STD_LOGIC_VECTOR(7 DOWNTO 0)); -- 256 个波形点对应地址
L10  END fctl;
L11  -----------------------------------------------------------------------------------------------
L12  ARCHITECTURE bhv OF fctl IS
L13      SIGNAL a : STD_LOGIC_VECTOR(7 DOWNTO 0);
L14      SIGNAL f : INTEGER RANGE 0 TO 8;                  --频率控制字 f
L15  BEGIN
L16      P0:PROCESS(clk)
L17      BEGIN
L18        IF clk'EVENT AND clk='1' THEN    a<=a+f;
L19                --在系统时钟 clk 的上升沿，地址做累加，即每隔 f 个点取值一次
L20        END IF;
L21      END PROCESS p0;
L22      p1:PROCESS(key)                 --由输入按键决定 f 的取值
L23      BEGIN
L24        CASE key IS
L25          WHEN "1110" =>f<=2;         --最低一位按键按下时，f=2
L26          WHEN "1101" =>f<=4;         --第 2 位按键按下时，f=4
L27          WHEN "1011" =>f<=6;
L28          WHEN "0111" =>f<=8;
```

```
L29        WHEN others =>f<=1;        --没有按键按下时，f=1
L30        END CASE;
L31     END PROCESS p1;
L32     add<=a;
L33 END bhv;
L34 ----------------------------------------------------------------------
```

(2) 波形控制模块。该模块用来控制输出波形是正弦波或方波。

【例 3-7】

```
L1  ----------------------------------------------------------------------
L2  LIBRARY ieee;
L3  USE ieee.std_logic_1164.all;
L4  USE ieee.std_logic_unsigned.all;
L5  ----------------------------------------------------------------------
L6  ENTITY wctl IS
L7     PORT(a_in  : IN   STD_LOGIC_VECTOR(7 DOWNTO 0);   --频率控制模块输出地址
L8          key   : IN   STD_LOGIC;                      --按键控制波形
L9          a_out : OUT STD_LOGIC_VECTOR(8 DOWNTO 0));
L10                            --9 位输出地址，波形存储器 ROM 共 512 个空间
L11 END wctl;
L12 ----------------------------------------------------------------------
L13 ARCHITECTURE bhv OF wctl IS
L14    SIGNAL w :INTEGER RANGE 0 TO 256;        --波形控制字 w
L15 BEGIN
L16    PROCESS(key)
L17    BEGIN
L18       IF key='1' THEN w<=0;   --如果按键没有按下，则 w=0，指向正弦信号存储空间
L19       ELSE w<=256;            --反之，w=256，指向方波存储空间
L20       END IF;
L21    END PROCESS;
L22    a_out<='0'&a_in+w;
L23 END bhv;
L24 ----------------------------------------------------------------------
```

(3) 波形数据存储模块。

① 配置波形数据文件。File→New→Memory File→Hexadecimal Intel Format File。设置 512 个存储空间，8 位 Word Size，具体数据见图 3-15。波形数据可由 MATLAB/DSP Builder 或者 C 语言编程生成，以正弦信号为例，其计算公式如下：

$$\frac{\sin\left(\dfrac{i}{2^N}\times 2\pi\right)+1}{2}\times(2^M-1) \tag{3-1}$$

式中，$i$ 表示第 $i$ 个点；$2^N$ 表示一个周期内的取样个数，本例是 256；M 代表数据位宽，本例中是 8，即数据值最大是 255。

| Addr | +0 | +1 | +2 | +3 | +4 | +5 | +6 | +7 | +8 | +9 | +10 | +11 | +12 | +13 | +14 | +15 |
|------|-----|-----|-----|-----|-----|-----|-----|-----|-----|-----|-----|-----|-----|-----|-----|-----|
| 0 | 127 | 130 | 133 | 136 | 139 | 142 | 145 | 148 | 151 | 154 | 157 | 160 | 163 | 166 | 169 | 172 |
| 16 | 175 | 178 | 181 | 184 | 186 | 189 | 192 | 194 | 197 | 200 | 202 | 205 | 207 | 209 | 212 | 214 |
| 32 | 216 | 218 | 221 | 223 | 225 | 227 | 229 | 230 | 232 | 234 | 235 | 237 | 239 | 240 | 241 | 243 |
| 48 | 244 | 245 | 246 | 247 | 248 | 249 | 250 | 250 | 251 | 252 | 252 | 253 | 253 | 253 | 253 | 253 |
| 64 | 254 | 253 | 253 | 253 | 253 | 253 | 252 | 252 | 251 | 250 | 250 | 249 | 248 | 247 | 246 | 245 |
| 80 | 244 | 243 | 241 | 240 | 239 | 237 | 235 | 234 | 232 | 230 | 229 | 227 | 225 | 223 | 221 | 218 |
| 96 | 216 | 214 | 212 | 209 | 207 | 205 | 202 | 200 | 197 | 194 | 192 | 189 | 186 | 184 | 181 | 178 |
| 112 | 175 | 172 | 169 | 166 | 163 | 160 | 157 | 154 | 151 | 148 | 145 | 142 | 139 | 136 | 133 | 130 |
| 128 | 127 | 123 | 120 | 117 | 114 | 111 | 108 | 105 | 102 | 99 | 96 | 93 | 90 | 87 | 84 | 81 |
| 144 | 78 | 75 | 72 | 69 | 67 | 64 | 61 | 59 | 56 | 53 | 51 | 48 | 46 | 44 | 41 | 39 |
| 160 | 37 | 35 | 32 | 30 | 28 | 26 | 24 | 23 | 21 | 19 | 18 | 16 | 14 | 13 | 12 | 10 |
| 176 | 9 | 8 | 7 | 6 | 5 | 4 | 3 | 3 | 2 | 1 | 1 | 0 | 0 | 0 | 0 | 0 |
| 192 | 0 | 0 | 0 | 0 | 0 | 0 | 1 | 1 | 2 | 3 | 3 | 4 | 5 | 6 | 7 | 8 |
| 208 | 9 | 10 | 12 | 13 | 14 | 16 | 18 | 19 | 21 | 23 | 24 | 26 | 28 | 30 | 32 | 35 |
| 224 | 37 | 39 | 41 | 44 | 46 | 48 | 51 | 53 | 56 | 59 | 61 | 64 | 67 | 69 | 72 | 75 |
| 240 | 78 | 81 | 84 | 87 | 90 | 93 | 96 | 99 | 102 | 105 | 108 | 111 | 114 | 117 | 120 | 123 |
| 256 | 255 | 255 | 255 | 255 | 255 | 255 | 255 | 255 | 255 | 255 | 255 | 255 | 255 | 255 | 255 | 255 |
| 272 | 255 | 255 | 255 | 255 | 255 | 255 | 255 | 255 | 255 | 255 | 255 | 255 | 255 | 255 | 255 | 255 |
| 288 | 255 | 255 | 255 | 255 | 255 | 255 | 255 | 255 | 255 | 255 | 255 | 255 | 255 | 255 | 255 | 255 |
| 304 | 255 | 255 | 255 | 255 | 255 | 255 | 255 | 255 | 255 | 255 | 255 | 255 | 255 | 255 | 255 | 255 |
| 320 | 255 | 255 | 255 | 255 | 255 | 255 | 255 | 255 | 255 | 255 | 255 | 255 | 255 | 255 | 255 | 255 |
| 336 | 255 | 255 | 255 | 255 | 255 | 255 | 255 | 255 | 255 | 255 | 255 | 255 | 255 | 255 | 255 | 255 |
| 352 | 255 | 255 | 255 | 255 | 255 | 255 | 255 | 255 | 255 | 255 | 255 | 255 | 255 | 255 | 255 | 255 |
| 368 | 255 | 255 | 255 | 255 | 255 | 255 | 255 | 255 | 255 | 255 | 255 | 255 | 255 | 255 | 255 | 255 |
| 384 | 0 | 0 | 0 | 0 | 0 | 0 | 0 | 0 | 0 | 0 | 0 | 0 | 0 | 0 | 0 | 0 |
| 400 | 0 | 0 | 0 | 0 | 0 | 0 | 0 | 0 | 0 | 0 | 0 | 0 | 0 | 0 | 0 | 0 |
| 416 | 0 | 0 | 0 | 0 | 0 | 0 | 0 | 0 | 0 | 0 | 0 | 0 | 0 | 0 | 0 | 0 |
| 432 | 0 | 0 | 0 | 0 | 0 | 0 | 0 | 0 | 0 | 0 | 0 | 0 | 0 | 0 | 0 | 0 |
| 448 | 0 | 0 | 0 | 0 | 0 | 0 | 0 | 0 | 0 | 0 | 0 | 0 | 0 | 0 | 0 | 0 |
| 464 | 0 | 0 | 0 | 0 | 0 | 0 | 0 | 0 | 0 | 0 | 0 | 0 | 0 | 0 | 0 | 0 |
| 480 | 0 | 0 | 0 | 0 | 0 | 0 | 0 | 0 | 0 | 0 | 0 | 0 | 0 | 0 | 0 | 0 |
| 496 | 0 | 0 | 0 | 0 | 0 | 0 | 0 | 0 | 0 | 0 | 0 | 0 | 0 | 0 | 0 | 0 |

图 3-15　波形配置文件具体配置数据

② 定制 lpm_rom。设置 512 个存储空间，8 位数据输出，添加数据文件。

(4) 顶层原理图。顶层原理图如图 3-16 所示。请读者自行用 VHDL 语言完成顶层例化。

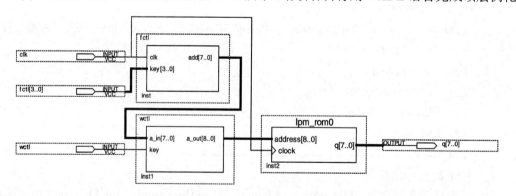

图 3-16　DDS 顶层原理图

**5. 实验步骤与结果**

(1) 波形仿真。顶层原理图波形仿真结果见图 3-17。频率控制 fctl = "1111"，没有按键按下，表示频率控制字 F = 1，每次地址顺序加 1；波形控制 wctl = '1'，表示波形控制字 W=0，指向正弦波。显示的波形数据符合正弦波存储在 ROM 中的数据。

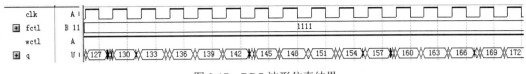

图 3-17　DDS 波形仿真结果

(2) 使用嵌入式逻辑分析仪。对于某些设计，设计者希望能够进行在线调试，但如果没有外部的测试设备，如示波器、逻辑分析仪等，那么嵌入式逻辑分析仪就是很好的替代方案。

嵌入式逻辑分析仪(Embedded Logic Analyzer，ELA)采用了典型外部逻辑分析仪的理念和功能，将其置入 FPGA 的设计中，编程后存放到电路板的目标器件中。它使用 FPGA 的可用资源(包括未使用的逻辑单元和存储器模块)，不需要电路板走线或者探点，能够在不影响硬件工作的同时实时捕获数据信号。其工作原理见图 3-18。在一片 FPGA 中可以添加多个嵌入式逻辑分析仪的例化，对不同的设计进行调试。每个例化都有自己的缓冲，用于存储采集的信号数据，缓冲的存储空间来自于 FPGA 中未使用的存储器模块。ELA 利用器件的 JTAG 端口进行编程，通过配置电缆下载 Quartus II 软件设计好的配置文件(.sof 文件)或者上传实时捕获到的硬件数据。

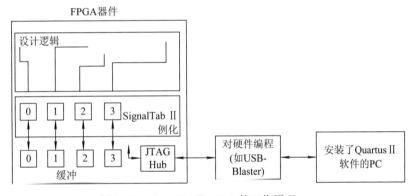

图 3-18　SignalTab II　ELA 的工作原理

使用 SignalTab II ELA 必须满足几个要求：

① 器件是 FPGA 类型，而不是 CPLD，因为 FPGA 器件中有可用的存储器模块。

② 器件有足够的剩余资源可供使用，包括 LE 数量和存储器数量。所需 LE 资源的数量取决于被监测的通道数量、信号数量以及触发条件的复杂程度。所需存储器的数量取决于被监测的通道数量以及采样深度(每个通道存储采样点的个数)。理论上，最大监测通道数量是 1024，最大采样深度是 128 K。但在实际中，二者不可能同时满足，因为这需要 32 768 个 M4K 模块，没有器件能够提供如此之多的存储器模块。

③ 器件有 JTAG 端口。

④ 只能进行功能仿真，分析中不包括时序延时。

典型 SignalTab II 的调试流程见图 3-19。

在设计中，加入一个或者多个 SignalTab II 逻辑分析仪例化。然后选择要监测的信号，设定采样深度、缓冲的属性等。配置好例化后，再设定触发的条件。当然，前面的参数设置工作可以按照不同的顺序执行。设置完成后，需要再次编译，然后通过器件的 JTAG 接

口对目标器件进行编程。出现触发条件时，逻辑分析仪将采集到的数据传送到 SignalTab II
文件窗口，在这里可以查看、分析、保存数据。如果发现问题，则可以重新配置逻辑分析
仪，再次寻找问题；如果正确，调试流程结束。

以下以 DDS 设计为例详细讲述 SignalTab II ELA 的使用。

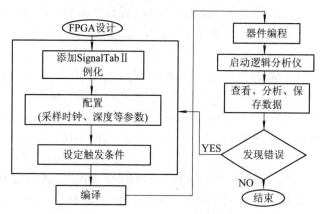

图 3-19　SignalTab II 调试流程

在开始之前，请先保证编译正确，并且对相应的输入/输出锁定了引脚。本例中，选择
实验箱上 clk1(F2 信号)提供 1 MHz 的系统时钟；按键 SW3～SW0 代表频率控制 fctl[3..0]；
按键 SW7 代表波形控制 wctl。

步骤 1：在设计中加入 ELA。通过 File→New→Verification /Debugging Files→SignalTab
II Logic Analyzer File 或者 Tools→SignalTab II Embedded Logic Analyzer，新建一个.stp 文
件。.stp 文件界面如图 3-20 所示。其中有 Data 和 Setup 两个标签栏可以选择，Data 栏用于
数据的观测，Setup 栏用于参数的设置。

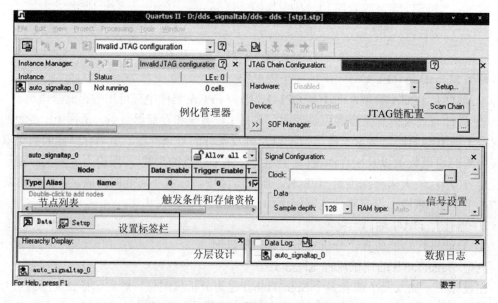

图 3-20　stp 文件界面(选择 Setup 标签栏)

步骤 2：设置例化管理器。选中默认例化名称 auto_signaltab_0，使之变为蓝色，以鼠

标右键单击，出现菜单窗口，在此窗口中可以建立新的例化、删除已有例化、重命名等。本例将默认名称改为 dds，见图 3-21。该窗口能够显示每一例化的当前状态、使用资源的情况，并对例化进行运行和控制等操作。

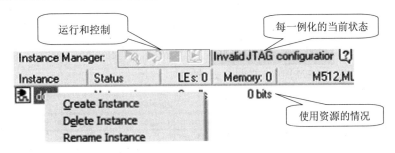

图 3-21　例化管理器

步骤 3：调入需要监测的节点。在 Setup 标签栏节点列表(Node list)空白处双击左键，即可调出 Node Finder 窗口，如图 3-22 所示。在过滤选项 Filter 中提供了两种 SignalTab Ⅱ 的专用节点过滤选择。

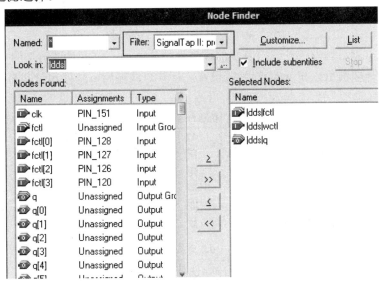

图 3-22　节点发现器

➢ SignalTab Ⅱ 预综合(SignalTab Ⅱ：pre-synthesis)：综合之前，完成分析和细化(Start Analysis & Elaboration )后可用的节点，在节点列表处以黑色标出。

➢ SignalTab Ⅱ 后适配(SignalTab Ⅱ：post-fitting)：布局布线后可以使用的节点，以蓝色标出。使用此过滤选择提供的节点能够保证信号的提取。

在本例中，选择预综合过滤，然后单击 List 按钮，选择输入节点 fctl(频率控制)、wctl(波形控制)、输出节点 q(波形数据)作为需要监测的信号。

步骤 4：设置节点监测和触发条件。调入节点后，节点列表中的每一行都有“Data Enable”和“Trigger Enable”两个复选框来禁止或者允许信号的使用，如图 3-23 所示。“Data Enable”控制是否监测或者采集数据信号，如果禁用了该项，在逻辑分析仪工作时，将不会监测相应的信号，其好处是可以减少所需存储器的资源。如果禁止了“Trigger Enable”，相应的信号就不能作为触发条件的一部分了，其好处是减少了使用的 LE 资源。

节点列表的右侧是触发条件。每一列表示一级触发条件，对于一个 SignalTab Ⅱ的例化，可以选择最多 10 级触发条件。触发条件分为基本触发(Basic)和高级触发(Advanced)两种。基本触发是触发条件列中所有信号触发条件的布尔与。

选中触发信号名，使其所在行都变为蓝色，将鼠标移至触发条件列，单击右键，可以进行触发条件的选择，包括 Low(低电平触发)、Falling Edge(下降沿触发)、Rising Edge(上升沿触发)、High(高电平触发)等，如图 3-23 所示。

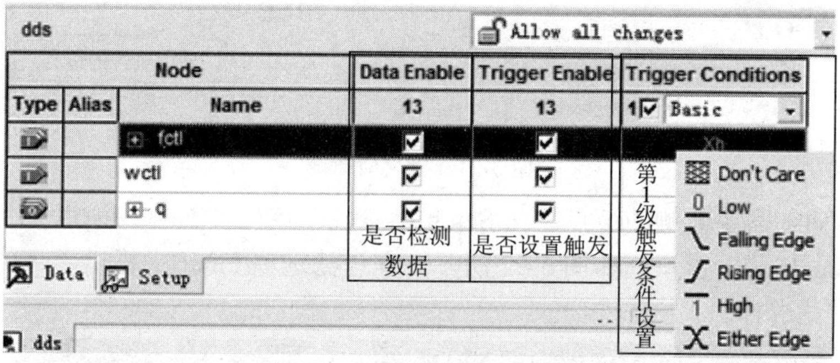

图 3-23　使能控制与基本触发选择

高级触发可以对触发条件建立复杂的逻辑表达式，而不仅仅是逻辑与的关系。

本例中选择取消 fctl 和 wctl 的触发设置，打开总线输出 q，对 q[0]设置上升沿触发，如图 3-24 所示。

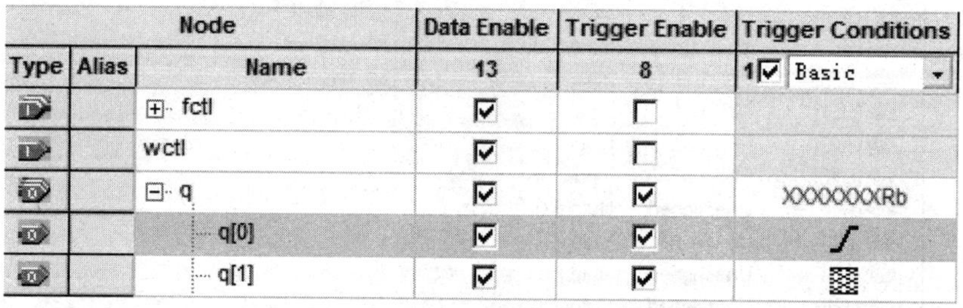

图 3-24　dds 触发条件设置

步骤 5：分配采样时钟。需要在设计中选择一路信号作为采样时钟，一般而言，使用最快的全局时钟作为采样时钟，以达到最佳的结果，提供较好的采样分辨率。ELA 会在每一个时钟的上升沿采集数据。如果设计者没有分配采样时钟，系统会自动建立外部时钟引脚，需要进行引脚配置，从外部输入时钟信号。本例选择设计的系统时钟 clk(1 MHz)作为采样时钟。在信号设置区域，单击"…"按钮，即可弹出节点发现器(Node Finder)，在此可以添加 clk 信号，如图 3-25 所示。时钟信号是不能被监测的，这也是为什么在步骤 3 调入观察节点时，并没有观察时钟信号的原因，因为它需要作为采样时钟来使用。

步骤 6：设置采样深度和 RAM 类型、缓冲类型。

采样深度即每一个需要提取的信号采样的个数。

RAM 类型的设置只适合于有多种存储器模块类型的器件。对于不支持的器件，将显示灰色，默认 Auto。

缓冲类型有两类：环形和分段。在默认情况下是环形，segmented(分段)选项被关闭。

分段缓冲将环形缓冲存储空间分段，例如，1K 2 sample segments 代表 2K 存储空间被分为 2 个 1K 段。分段缓冲的每一段都类似一个小的环形缓冲，当触发条件满足时，只填充一个段，而不是整个缓冲，因此分段缓冲更多地与多级触发条件配合使用，有利于只采集相关数据，更高效地使用缓冲空间。

本例中选择采样深度为 2 K，环形缓冲(见图 3-25)。

步骤 7：设置存储资格。在信号设置区域，存储资格(Storage qualifier)设置决定哪些采样能够存储到缓冲中，该设置只适用于环形缓冲类型。通过定制存储条件，可以选择需要的采样数据进行存储，能够跳过某些采样数据，从而高效地使用有效的存储空间。共定义有六种不同类型的存储资格：Continuous(连续)、Input port(输入端口)、Transitional(转换)、Conditional(条件)、Start/Stop(开始/停止)、State-based(基于状态)，见图 3-26。

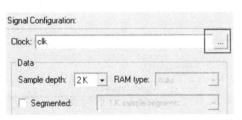

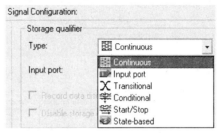

图 3-25　时钟选择与采样深度选择　　　　图 3-26　存储资格设置

➢ Continuous：存储所有的采样点，默认设置。

➢ Input port：可以选择设计中的一个信号作为缓冲写使能信号，如果所选信号在采样时钟上升沿到来时是高电平，则将采样存储到缓冲中。

➢ Transitional：当所选择的信号发生电平值变化时(从高电平变为低电平或者反之)，允许存储采样数据。

➢ Conditional：当所选信号布尔条件为真时，存储采样数据。

➢ Start/Stop：当开始条件为真时，存储采样数据，直到停止条件为真。

➢ State-based：建立最大包含 20 个状态的状态机来控制所有的触发操作、存储操作等。

以上六种存储资格功能，除连续外，其余都将导致存储的采样数据不连续。本例中选择连续存储。

步骤 8：触发位置和触发级别的选择。

触发位置选项设置触发采样在缓冲(分段)中的位置。有三个选择：Pre trigger position(前触发位置)、Center trigger position(中间触发位置)、Post trigger position(后触发位置)，如图 3-27 所示。

➢ Pre trigger position：在触发事件发生之前，存储 12%的数据；发生后，存储 88%的数据。

➢ Center trigger position：存储等量的触发事件发生前和后的数据。

➢ Post trigger position：在触发事件发生前，存储 88%的数据；发生后，存储 12%的数据。

在 ELA 中最大能够提供 10 级的触发等级选择。假如选择 3，则在节点列表中会显示 3 列触发条件的设置，如图 3-28 所示。等级数字越小，优先级越高。如果采用环形缓冲，当最后一个触发等级条件满足时，填充缓冲。如果采用分段缓冲，则每满足一个触发等级，填充一段。

　　本例选择前触发位置，触发等级 1。每一等级触发条件的具体设置请查看步骤 4"设置节点监测和触发条件"。

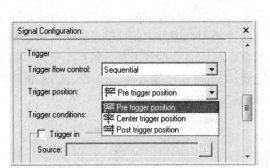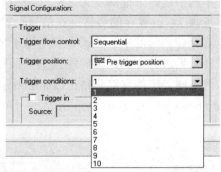

图 3-27　触发位置和触发等级的选择

| Node | | Data Enable | Trigger Enable | Trigger Conditions | | |
|---|---|---|---|---|---|---|
| lias | Name | 13 | 13 | 1☑ Basic　▼ | 2☑ Basic　▼ | 3☑ Basic　▼ |
| | ⊞ fctl | ☑ | ☑ | Xh | Xh | Xh |
| | wctl | ☑ | ☑ | ▨ | ▨ | ▨ |
| | ⊞ q | ☑ | ☑ | XXXXXXXRb | XXh | XXh |

图 3-28　3 等级触发条件

步骤 9：触发输入和触发输出的选择。

采用触发输入(Trigger in)，能够使用外部信号或者另一个 SignalTab Ⅱ 例化的触发输出 (Trigger out)来作为触发条件。具有触发等级最高优先级，即第 0 级。

本例不设置任何的触发输入和输出。

步骤 10：保存.stp 文件。

设置完成后，在.stp 文件的 File 菜单，选择 Save as，将文件保存于工程同一文件夹下。默认文件名是 stp1.stp，本例将文件名保存为 dds.stp。系统会自动弹出如图 3-29 所示对话框。选择"是"，表示对当前工程使能该 SignalTab Ⅱ 文件，在编译时会一起进行编译。

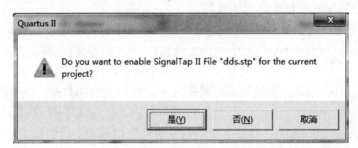

图 3-29　是否使能 stp 文件

　　当然也可以通过 Assignments→Setting→SignalTab Ⅱ Logic Analyzer 来进行使能或是禁止，如图 3-30 所示。请注意，在调试正确后，构成开发完成的产品前，不要忘记将 SignalTab Ⅱ 从芯片中除去，即禁止后，需再次编译、编程配置。

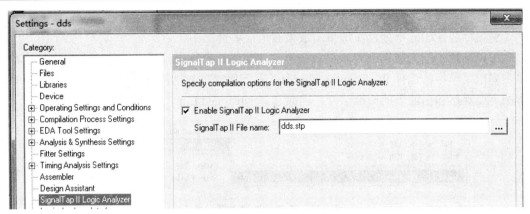

图 3-30　设置逻辑分析仪的使能或禁止

步骤 11：编译。再次启动全编译，将 SignalTab Ⅱ 集成到系统设计中。

步骤 12：对器件编程。JTAG 链配置面板提供与 Quartus Ⅱ 编程器相似的控制功能。

➤ 硬件(Hardware)：单击 Setup 按键，添加 USB-Blaster。

➤ 器件(Device)：单击 Scan Chain 自动扫描连接的器件，本例中会显示 EP3C10。

➤ 配置文件管理(SOF Manager)：单击 "…"，选择需要下载的配置文件，本例中是 dds.SOF。

单击 program Device 进行下载，如图 3-31 所示。

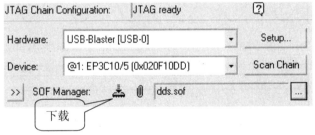

图 3-31　JTAG 链配置面板

步骤 13：运行并控制 ELA。下载完成后，打开 dds.stp 文件(Tools→SignalTab Ⅱ Embedded Logic Analyzer)。在例化管理器中选择运行并控制 ELA，具体控制按键如图 3-32 所示。

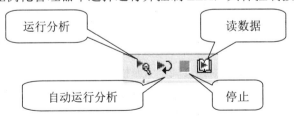

图 3-32　运行和控制按键

➤ 运行分析：运行 SignalTab Ⅱ，直到出现触发事件，或者人为停止。

➤ 自动运行分析：运行 SignalTab Ⅱ，直到人为停止，忽略触发事件。

➤ 停止：停止逻辑分析仪。

➤ 读数据：向 SignalTab Ⅱ 文件发送当前存储在缓存中的数据。

步骤 14：数据分析。选择 Data 标签，可以立即查看采集到的数据。默认情况下，显示的横坐标指示缓冲采样数。也可以通过 View→Time Units 将其转化为时间。

将鼠标放置于波形处，左键单击放大波形，右键缩小。

可以选择不同的数据进制来显示波形。例如，选中输出信号 q，使之变为蓝色，右键单击弹出菜单栏，选择 Bus Display Format，其下级选项包括柱状图和线性图的 4 个选项。本例需要观察输出波形的模拟信号，因此选择 Unsigned Line Chart，见图 3-33。

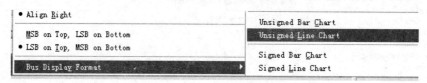

图 3-33　选择波形数据显示形式

观察到的波形如图 3-34～图 3-37 所示。

以图 3-35 为例。通过改变实验箱上按键 SW3～SW0 可以改变波形输出频率。本例按下按键 SW3，即 fctl 为 7H，频率控制字 F=8；改变按键 SW7 可以改变输出波形，如不按 SW7，即 wctl 为高电平，波形控制字 W=0，则为正弦波。请读者自行计算当频率控制字 F=1、2、4、6、8 时，输出波形频率应是多少。

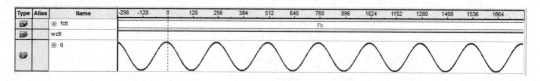

图 3-34　频率控制信号 fctl= "1111"(F=1)，波形控制信号 wctl= '1' (W=0)，产生正弦波

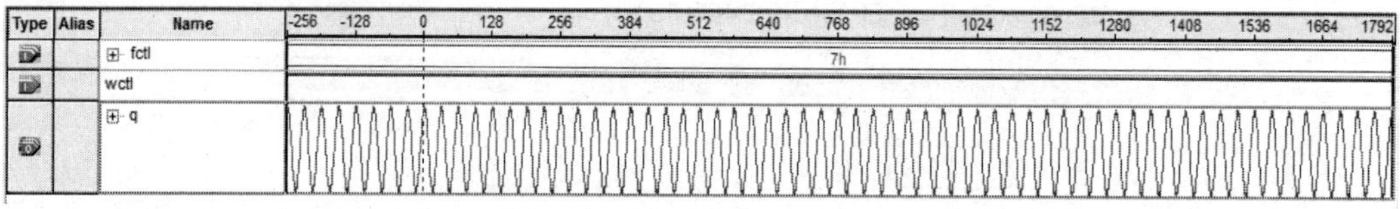

图 3-35　频率控制信号 fctl= "0111"(F=8)，波形控制信号 wctl= '1'(W=0)，产生正弦波

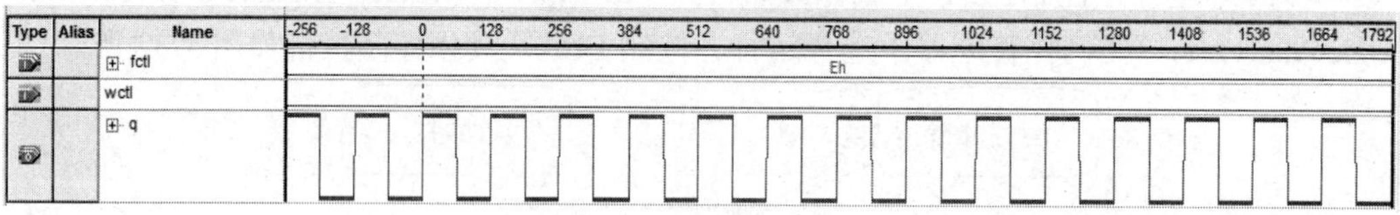

图 3-36　频率控制信号 fctl= "1110"(F=2)，波形控制信号 wctl= '0'(W=256)，产生方波

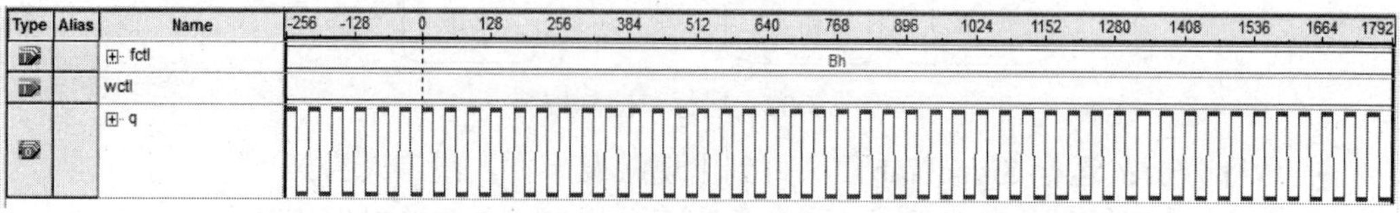

图 3-37　频率控制信号 fctl= "1011"(F=6)，波形控制信号 wctl= '0'(W=256)，产生方波

步骤 15：数据导出。可以将采集到的数据导出，以便用于其他工具使用或者记录。选择 File→Export，可以支持的文件格式有.vwf、.tbl、.csv、.vcd、.jpg、.bmf。

### 6. 实验引申

(1) 在图 3-16 的基础上，添加相位控制字 P，使输出波形相位能够在 0°、90°、180°、270° 间变化。

提示：如果按照相位精度 N = 8 计算，则每移动一个点，相位增加 $2\pi/2^N = 1.4°$。假如输出波形相位 90°，则相位控制字 $P = 90° \times 2^N/(2\pi) = 64$。

(2) 在图 3-16 的基础上，添加三角波波形输出。

提示：波形存储器 ROM 需要增加 256 个存储空间来存储三角波的波形数据。三角波波形数据公式请读者自行推导。

# 实验 11　D/A 转换控制

### 1. 实验目的

(1) 掌握 D/A 转换的基本原理。

(2) 掌握 D/A 转换器(专用集成电路芯片)的工作时序与重要参数。

(3) 学习使用 FPGA 控制 D/A 转换器。

### 2. 背景知识

实际工业生产环境更多地使用的是连续变化的模拟量，如电压、电流、压力等；而在计算机内部使用的是离散的数字量，如二进制数、十进制数等，这就需要进行模/数(A/D)或者是数/模(D/A)转换。典型转换控制系统框图如图 3-38 所示。

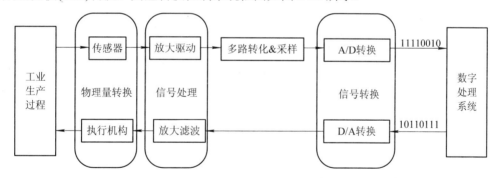

图 3-38　典型转换控制框图

专用的集成电路芯片可以完成 A/D、D/A 转换。下面以 TLC5615 为例来介绍 D/A 转换的主要参数和工作原理。

TLC5615 为美国德州仪器公司 1999 年推出的产品，是具有串行接口的数/模转换器，其输出为电压型，最大输出电压是基准电压值的两倍；带有上电复位功能，即可以把 DAC 寄存器复位至全零。TLC5615 的引脚图及引脚功能见图 3-39。

TLC5615 内部由六个功能模块组成，如图 3-40 所示。

➢ 10 位 DAC 电路。

➢ 一个 16 位移位寄存器，接收串行移入的二进制数，并且有一个级联的数据输出端 DOUT。

➤ 并行输入输出的 10 位 DAC 寄存器，为 10 位 DAC 电路提供待转换的二进制数据。

➤ 电压跟随器，为参考电压端 REFIN 提供很高的输入阻抗，大约为 10 MΩ。

➤ ×2 电路，提供最大值为 2 倍于 REFIN(基准电压输入)的输出。

➤ 上电复位电路和控制电路。

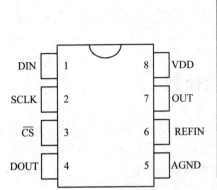

| 引脚 | | 输入/输出 | 功能描述 |
|---|---|---|---|
| 1 | DIN | IN | 串行数据输入 |
| 2 | SCLK | IN | 串行时钟输入 |
| 3 | $\overline{CS}$ | IN | 芯片选用，低电平有效 |
| 4 | DOUT | OUT | 用于级联的串行数据输出 |
| 5 | AGND | | 模拟地 |
| 6 | REFIN | IN | 基准电压输入,取值范围为 2 V～(VDD–2)，一般取 2.048 V |
| 7 | OUT | OUT | DAC 模拟电压输出 |
| 8 | VDD | | 电源：4.5 V～5.5 V，一般取 5 V |

图 3-39   TLC5615 引脚图和功能表

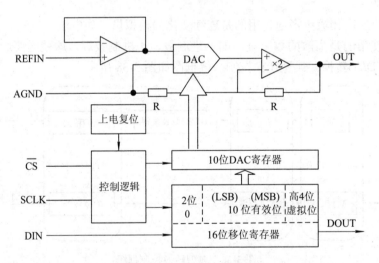

图 3-40   内部功能框图

从图 3-40 可以看到，16 位移位寄存器分为高 4 位虚拟位、低两位填充位以及 10 位有效位。其区别主要发生在判断是否是多片 TLC5615 级联工作时。当单片 TLC5615 工作时，只需要向 16 位移位寄存器按先后顺序输入 10 位有效位和低 2 位填充位即可，低 2 位填充位数据任意。这是第一种工作方式，即单片 12 位数据序列。第二种方式为级联方式，即 16 位数据列，可以将本片的 DOUT 接到下一片的 DIN，需要向 16 位移位寄存器按先后顺序输入高 4 位虚拟位、10 位有效位和低 2 位填充位。

TLC5615 的工作时序见图 3-41,图中参数具体见表 3-3。只有当片选 $\overline{CS}$ 为低电平时，串行输入数据才能被移入 16 位移位寄存器。当 $\overline{CS}$ 为低电平时，在每一个 SCLK 时钟的上升沿将 DIN 的一位数据移入 16 位移寄存器，最高有效位首先移入，接着 $\overline{CS}$ 的上升沿将 16

位移位寄存器的 10 位有效数据锁存于 10 位 DAC 寄存器，供 DAC 电路进行转换；当片选 $\overline{CS}$ 为高电平时，串行输入数据不能被移入 16 位移位寄存器。注意，$\overline{CS}$ 的上升和下降都必须发生在 SCLK 为低电平期间。很明显，如果是单片的 TLC5615 进行工作，则完成一次数据的转换至少需要 12 个时钟 SCLK 周期，这样才能将 12 位数字序列完全移入；如果是多片 TLC5615 级联工作，则需要 16 个 SCLK 时钟周期。

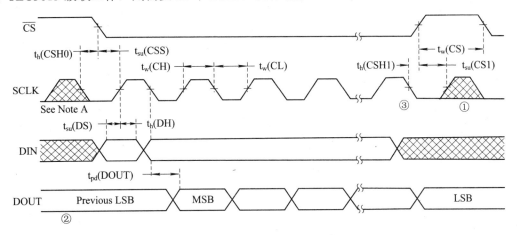

① 当片选信号 $\overline{CS}$ 为高电平时，时钟信号 SCLK 必须是低电平，以减小时钟 SCLK 的内部馈通。

② $\overline{CS}$ 为高电平时，输出数据 DOUT 保持最近的数值不变而不进入高阻态。

③ 第 16 个 SCLK 的下降沿。

图 3-41　TLC5615 工作时序

表 3-3　时间需求

| 参数 | 描述 | 最小时间/ns |
|---|---|---|
| $t_{su}(DS)$ | Setup time, DIN before SCLK high | 45 |
| $t_h(DII)$ | Hold time, DIN valid after SCLK high | 0 |
| $t_{su}(CSS)$ | Setup time, CS low to SCLK high | 1 |
| $t_{su}(CS1)$ | Setup time, CS high to SCLK high | 50 |
| $t_h(CSH0)$ | Hold time, SCLK low to CS low | 1 |
| $t_h(CSH1)$ | Hold time, SCLK low to CS high | 0 |
| $t_w(CS)$ | Pulse duration, minimum chip select pulse width high | 20 |
| $t_w(CL)$ | Pulse duration, SCLK low | 25 |
| $t_w(CH)$ | Pulse duration, SCLK high | 25 |
| $t_{pd}(DOUT)$ | Propagation delay time, DOUT | 50 |

D/A 转换器的几个重要参数：

➢ 分辨率：D/A 转换器能输出的最小增量，取决于输入数字量的位数，用 LSB 表示。如果数字量位数为 N，则分辨率为 $1/2^N$。例如：满量程为 5 V 的 8 位 DAC 芯片的分辨率是 $5\ V/2^8 = 19.53\ mV$。

➢ 转换精度：指满量程时 DAC 的实际模拟输出值和理论值的接近程度。一般有两种表示方式。例如：满量程时理论输出值为 10 V，实际输出值是在 9.99 V～10.01 V 之间，其转换精度为±10 mV。DAC 的转换精度为分辨率之半，即为 LSB/2。

➢ 建立时间：从输入数字量被转化到输出达到终值误差±(1/2)LSB 所需的时间。TLC5615 的建立时间为 12.5 μs。

➢ 最大 SCLK 频率：f(SCLK) = 1/$t_w$(CL) + $t_w$(CH)。TLC5615 的最大 SCLK 频率近似为 14 MHz。

➢ 输出电压值：$U_{OUT} = 2U_{REFIN} \times M/2^N$，其中 M 是输入二进制数，$U_{REFIN}$ 是参考电压，N 是 DAC 的数字量，则 TLC5615 的输出电压是 $U_{OUT} = 2U_{REFIN} \times M/2^{10}$。

D/A 转换器按输入数字量有 8、10、12 和 16 位之分，按接口方式有并行方式和串行方式之分，按输出形式有电流输出型和电压输出型之分。因此，TLC5615 属于 10 位串行电压输出 DAC。

### 3. 实验内容

编写 TLC5615 芯片的驱动程序，将实验 10 产生的波形数据进行数/模转换，在示波器上显示结果，并进行波形参数的测量。

### 4. 实验方案

实验 10 已经利用 SignalTab II 观察到了数据结果，本例的主要目的是对 TLC5615 进行驱动控制，将从波形存储器 ROM 中取出的每一个波形数据每隔一定的时间串行送入 5615 中，进行 D/A 转换，然后将转换后的模拟信号用示波器观察结果。

很明显，本例只需要一片 5615，属于第一种单片工作方式，即只需要向 16 位移位寄存器按先后顺序输入 10 位有效位和低 2 位填充位即可，也就是说串行输入时钟 SCLK 至少需要 12 个时钟周期，才能将待转换的一组波形数据输入完毕。5615 的最大 SCLK 可以取为 14 MHz。当串行输入数据时，片选信号 $\overline{CS}$ 必须为低电平，即 $\overline{CS}$ 保持低电平的时间至少等于 12 个时钟周期；然后当数据移入寄存器完毕后，$\overline{CS}$ 跳变为高电平，其上升沿将 10 位有效数据锁存于 10 位 DAC 寄存器，开始进行 D/A 转换。特别地，为了减小时钟 SCLK 的内部馈通，当 $\overline{CS}$ 变为高电平后，SCLK = '0'。由于 5615 的建立时间是 12.5 μs，因此数据送入 10 位 DAC 寄存器后，需要等待 12.5 μs 的时间以保证模/数转换完成才能进行下一次的送数操作。

本例在实验 10 的基础上添加了两个模块：控制送数模块和 TLC5615 驱动模块。

【例 3-8】控制送数模块。

```
L1    --------------------------------------------------------------------------------
L2    LIBRARY ieee;
L3    USE ieee.std_logic_1164.all;
L4    --------------------------------------------------------------------------------
L5    ENTITY clkctl IS
L6      PORT(clk_40m  : in std_logic;      --外部输入时钟信号，频率为 40 MHz
L7           sclk     : out std_logic;     -- TLC5615 串行送数时钟
L8           en       : out std_logic);    --送数使能信号
L9    END clkctl;
L10   --------------------------------------------------------------------------------
L11   ARCHITECTURE bhv OF clkctl IS
```

```
L12    SIGNAL cnt        : INTEGER RANGE 0 TO 39;        --计数信号 cnt，用于分频
L13    SIGNAL cnt1       : INTEGER RANGE 0 TO 31;        --计数信号 cnt1
L14    SIGNAL sc         : STD_LOGIC;
L15  BEGIN
L16    sclk<=sc;                              --将 sc 赋值给输出信号 sclk
L17    p0:PROCESS(clk_40m)    --进程 p0，将外部初始时钟 40 分频，产生 1MHz 信号 sc
L18    BEGIN
L19      IF clk_40m'EVENT AND clk_40m='1' THEN
L20        IF cnt<39 THEN    sc<='0';cnt<=cnt+1;
L21        ELSE sc<='1';cnt<=0;
L22        END IF;
L23      END IF;
L24    END PROCESS p0;
L25    p1:PROCESS(sc)          --进程 p1，产生使能信号 en，一个周期送数一次
L26    BEGIN
L27      IF sc'EVENT AND sc='1' THEN cnt1<=cnt1+1;
L28        IF cnt1<14 THEN    en<='0';        --当 cnt1 小于 14 时，en 为低电平
L29        ELSE en<='1';                      --当 cnt1 在 14 到 31 时，en 为高电平
L30        END IF;
L31      END IF;
L32    END PROCESS p1;
L33  END bhv;
L34  -----------------------------------------------------------------------------------------------------
```

　　本模块的目的之一是通过分频产生 TLC5615 的串行送数时钟 SCLK。外部输入时钟直接采用实验箱上自带的时钟信号 clk0，该时钟频率是 40 MHz，远远超过了 SCLK 能够允许的最大时钟频率 14 MHz。所以，本例通过 40 分频，产生 1 MHz 的 sclk 信号作为 TLC5615 的串行送数时钟。本模块的另一个目的是产生送数使能信号 en。从程序中可以看出，在每一次 sclk 上升沿时，计数信号 cnt1 作加 1 计数。当计数值在 0 到 13 时，en 为低电平，允许送数；当计数值在 14 到 31 时，en 为 1，禁止送数，等待一定的时间以完成 D/A 转换。在此等待的时间是 $1 \mu s \times 18 = 18 \mu s$，满足 TLC5615 的建立时间 12.5 $\mu s$。

【例 3-9】TLC5615 驱动模块。

```
L1   -----------------------------------------------------------------------------------------------------
L2   LIBRARY ieee;
L3   USE ieee.std_logic_1164.all;
L4   -----------------------------------------------------------------------------------------------------
L5   ENTITY tlc5615 IS
L6     PORT(clk_40m    : IN    STD_LGOIC;
L7          sclk  : IN    STD_LOGIC;        --外部输入送数时钟，1 MHz
L8          en    : IN    STD_LGOIC;        --送数使能信号
L9          q     : IN    STD_LOGIC_VECTOR(9 DOWNTO 0);--从 ROM 中取出的波形数据
```

```
L10            ncs  : OUT STD_LOGIC;      --输出信号，控制 TLC5615 的芯片选用端
L11            din  : OUT STD_LOGIC;      --控制 TLC5615 的串行数据输入端
L12            sck  : OUT STD_LOGIC);     --控制 TLC5615 的串行送数时钟
L13    END tlc5615;
L14    --------------------------------------------------------------------------------------------------
L15    ARCHITECTURE bhv OF tlc5615 IS
L16       SIGNAL cs: STD_LOGIC;
L17       TYPE statetype IS (s0,s1,s2,s3,s4,s5,s6,s7,s8,s9,s10,s11,s12);
L18       SIGNAL state :statetype;
L19    BEGIN
L20       ncs<=cs;
L21       p0:PROCESS(sclk)
L22       BEGIN
L23          IF sclk'EVENT AND sclk='1' THEN        --判断 sclk 上升沿
L24             IF en='0' THEN cs<='0';
L25                     --假如 en 为低电平，表示允许送数，则芯片选用控制信号 cs 为低
L26             CASE state IS        --完成 13 个状态的转移
L27                WHEN  s0 =>din<=q(9);state<=s1;   --将从 ROM 中取出的波形数据按照从
                        --高位到低位的顺序依次送入 TLC5615 的串行数据输入端
L28                WHEN s1 =>din<=q(8);state<=s2;
L29                WHEN s2 =>din<=q(7);state<=s3;
L30                WHEN s3 =>din<=q(6);state<=s4;
L31                WHEN s4 =>din<=q(5);state<=s5;
L32                WHEN s5 =>din<=q(4);state<=s6;
L33                WHEN s6 =>din<=q(3);state<=s7;
L34                WHEN s7 =>din<=q(2);state<=s8;
L35                WHEN s8 =>din<=q(1);state<=s9;
L36                WHEN s9 =>din<=q(0);state<=s10;
L37                WHEN s10 =>din<='0';state<=s11; --低两位填充位，填充低电平 0
L38                WHEN s11 =>din<='0';state<=s12;
L39                WHEN OTHERS=>cs<='1';
L40                     --送数完毕后，cs 拉高，将数据送入 10 位 DAC 寄存器
L41             END CASE;
L42             ELSE cs<='1'; state<=s0;
L43                     --en 为高电平时，cs 也为高电平，禁止送数，等待 D/A 转换
L44             END IF;
L45          END IF;
L46       END PROCESS p0;
L47       p1:PROCESS(clk_40m)
L48       BEGIN
```

L49　　　　IF clk_40m 'EVENT AND clk_40m='1' THEN
L50　　　　　　IF cs='0' THEN sck<=sclk;　　--当 cs 为低时，串行送数时钟等于 sclk
L51　　　　　　ELSE sck<='0';　　　　　　　--反之，时钟信号是低电平，以减小内部馈通
L52　　　　　　END IF;
L53　　　　END IF;
L54　　　END PROCESS p1;
L55　END bhv;
L56 -----------------------------------------------------------------------------------------------------

本模块产生 TLC5615 的芯片选用 ncs、串行时钟 sck 的控制信号，并且将从 ROM 中取出的并行波形数据按照从高位到低位的顺序串行输入到 16 位移位寄存器中，10 位有效数据输入完毕后，再输入两位填充位。当 12 位数据输入完毕后，cs 拉高，将 10 位有效数据送入 DAC 寄存器，等待 D/A 转换。等待时间即信号 en 为高电平的持续时间，本例中是 18 μs。

波形发生器部分请参见实验 10。需要注意的是，由于 TLC5615 的数字量位数是 10 位，所以波形数据存储模块中定制的 lpm_rom 的数据位宽应该是 10 位，存储数据可以不改变，相位精度也不变，与实验 10 中相同。

本例的顶层原理图见图 3-42。其中，输入信号分别是 clk(外部输入初始时钟信号，40MHz)、fctl[3..0](输出波形频率控制)、wctl(输出波形控制)，输出信号分别是 ncs(TLC5615 芯片选用控制)、din(串行输入端控制)、sck(串行时钟控制)。

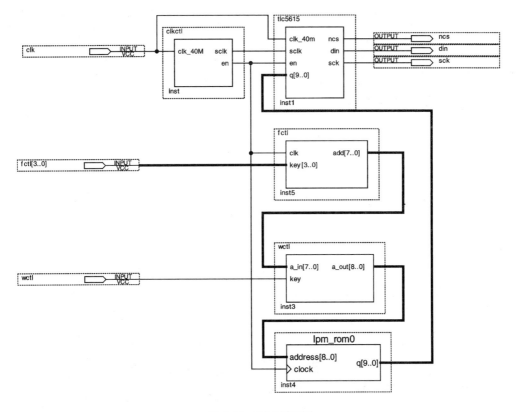

图 3-42　顶层原理图

由前述分析可知，因为 TLC5615 的两次送数间隔为一个 en 周期，所以从 ROM 中取数的最小频率是 $f_{en}(f_{en} = 1\ MHz/32 = 31.25\ kHz)$，即 DDS 的输出波形频率 $f0 = F \times (f_{en}/2^N)$，其中 F 为频率控制字，N = 8 为相位精度。当 F = 1 时，输出波形频率最小，f0 = 122.07 Hz。

### 5. 实验步骤与结果

选择模式 5，进行引脚锁定，具体见表 3-4。将示波器探头连接在实验箱的 DA 插针上，左边插针是信号，右边是地。通过按动按键 SW3～SW0，改变输出波形频率；按动 SW7，改变输出的波形。具体波形结果见图 3-43 到图 3-47。以图 3-44 为例，按下按键 SW1，频率控制字 F=4(见例 3-6)，输出波形频率 $f0 = F \times (f_{en}/256) = 4 \times 122.07 = 488.28$ Hz，实际测量结果为 490.2 Hz。最大输出电压 $U_{OUT} = 2U_{REFIN} \times M/2^N = 2 \times 2.5 \times 254/1024 = 1.24$ V，其中 $U_{REFIN} = 2.5$ V(由实验箱硬件电路决定)，实际测量结果 $U_{OUT}$ 为 1.25 V。以图 3-47 为例，按下按键 SW7，显示方波；按下按键 SW2，F = 6，输出波形频率 f0 = 732.42 Hz，实际测量值为 735.3 Hz。

表 3-4　引脚锁定

| 输　入 | | | 输　出 | | |
|---|---|---|---|---|---|
| 端口名 | 引脚名 | 引脚号 | 端口名 | 引脚名 | 引脚号 |
| clk | Clk0 | 22 | ncs | nCS | 50 |
| fctl[3..0] | SW3～SW0 | 99/98/87/86 | din | Din | 52 |
| wctl | SW7 | 104 | sck | SCK | 51 |

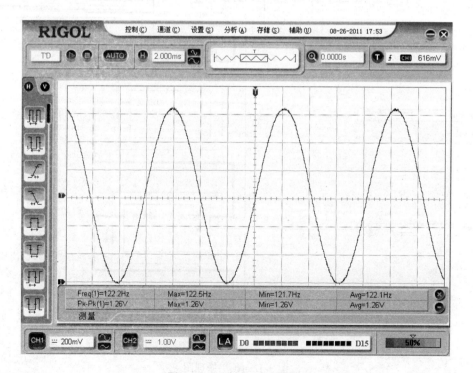

图 3-43　122.07 Hz 正弦波

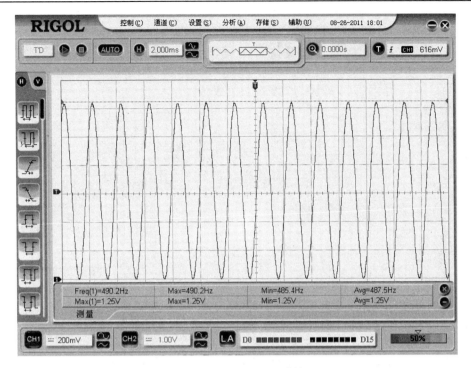

图 3-44　488.28 Hz 正弦波

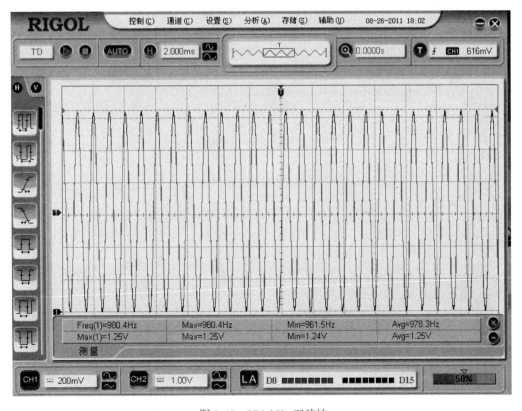

图 3-45　976.6 Hz 正弦波

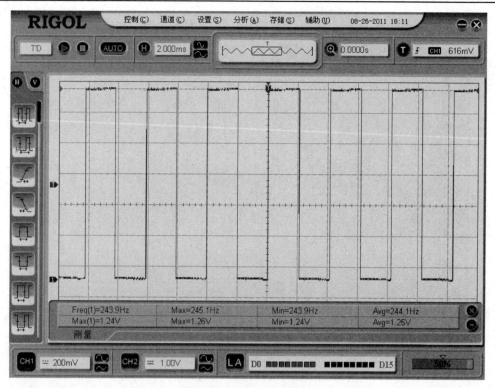

图 3-46    244.14 Hz 方波

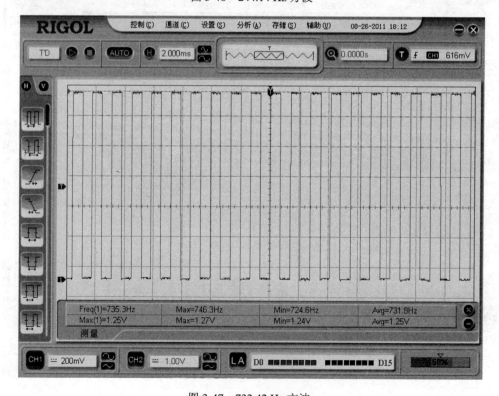

图 3-47    732.42 Hz 方波

### 6. 实验引申

(1) 添加调幅模块，使输出波形电压值能够在实验 11 的基础上进行 2 倍、4 倍的变化。

提示：实验 11 中波形存储器 ROM 的数据位宽是 10 位，而存储在 ROM 中的数据只需要 8 位即可(具体数据见图 3-15)，相当于最高两位是 0。如果希望输出波形电压进行 2 倍变化，则相当于将 ROM 中存储的数据向高位移动一位即可。

(2) 设计一个 TLC5615 控制电路，输入时钟为 40 MHz。设置一个复位键，按下按键后，输出电压为 0 V。设置两个功能按键，控制输出电压以 0.2 V 的步进加减。当输出电压减为 0 时，步进减按键不再有效；当输出电压为最大值时，步进加按键不再有效。

提示：将输入时钟进行适当分频，以满足 TLC5615 的最大 sclk 频率要求。设置一个初始电压，如 2.4V，在其基础上进行加减控制。0.2V 步进意味着每次变化时，输入的二进制数值变换多少？请参考输出电压公式进行计算。

本题需要进行按键消抖设计，否则按键抖动会影响计数。

最后结果可以用示波器连接实验箱 DA 插针，观察按键后输出信号的电压变化。

# 实验 12　字符型 LCD 显示

### 1. 实验目的

(1) 掌握字符型 LCD 的工作原理。

(2) 掌握字符型 LCD 控制器的相关指令。

(3) 学习使用 FPGA 控制 LCD。

### 2. 背景知识

字符型 LCD 一般由三部分组成，包括 LCD 控制器、LCD 驱动器和 LCD 显示屏。其中，LCD 控制器用于与 FPGA 芯片进行沟通，LCD 驱动器负责点亮 LCD 显示屏。

下面以实验箱上的 1602 字符型 LCD 为例来讲解其工作原理、控制指令等。

1602 能够同时显示 16×2(16 列 2 行)，即 32 个字符。其引脚如图 3-48 所示。具体引脚功能见表 3-5。

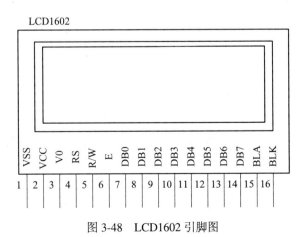

图 3-48　LCD1602 引脚图

**表 3-5  LCD1602 引脚功能**

| 符 号 | 功 能 描 述 | 参 数 取 值 |
|---|---|---|
| VSS | 电源地 | GND |
| VCC | 电源电压 | 4.5 V～5.5 V，典型值为 5 V |
| V0 | LCD驱动电压(可调) | 0 V～5 V |
| RS | 寄存器选择输入端 | RS=0，写操作时指向指令寄存器，读操作时指向地址寄存器；RS=1，指向数据寄存器 |
| R/W | 读写控制输入端 | R/W=0，写操作；R/W=1，读操作 |
| E | 使能信号输入端 | 读操作时，高电平有效；写操作时，下降沿有效 |
| DB0～DB7 | 数据输入输出口 | 数据或指令传送通道 |
| BLA | 背光电源正端 | +5 V |
| BLK | 背光电源负端 | 0 V |

LCD 1602 的主要特性如下：

(1) 提供 5×8 点阵或者 5×10 点阵带光标显示的字符结构的显示模式，用户通过指令设置可以方便地选择。

(2) 提供显示数据缓冲区 DDRAM、字符发生器 CGROM、字符发生器 CGRAM。

(3) 显示数据缓冲区 DDRAM 存储待显示的数据，其容量大小决定着模块最多可以显示的字符数目。DDRAM 地址与 LCD 显示屏上的显示位置的对应关系如图 3-49 所示。也就是说，如果要在第一行的第三列显示一个字符 A，则需要向 DDRAM 的 02H 地址中写入字符 A。

|  |  | 1 | 2 | 3 | ... | 14 | 15 | 16 | 显示位置 |
|---|---|---|---|---|---|---|---|---|---|
| DDRAM 地址 | 第一行 | 00H | 01H | 02H | … | 0DH | 0EH | 0FH | |
| | 第二行 | 40H | 41H | 42H | … | 4DH | 4EH | 4FH | |

图 3-49  DDRAM 显示数据与显示位置的关系

在字符发生器 CGROM 中存储了 192 个常用字符的字模编码，是液晶屏出厂时固化在控制芯片中的，用户不能改变其中的存储内容，只能读取调用，其中包含标准的 ASCII 码、日文字符和希腊文字符。CGROM 中存储的字符与地址的关系如图 3-50 所示。例如：要显示字符 A，则需要找到存储在 CGROM 中字符 A 的地址，即 01000001(0X41H)。

用户可以使用 CGRAM 来存储自己定义的最多 8 个 5×8 点阵的图形字符的字模数据。在图 3-50 中，地址 0X00～0X0F 用于存储用户自定义的字符图形。

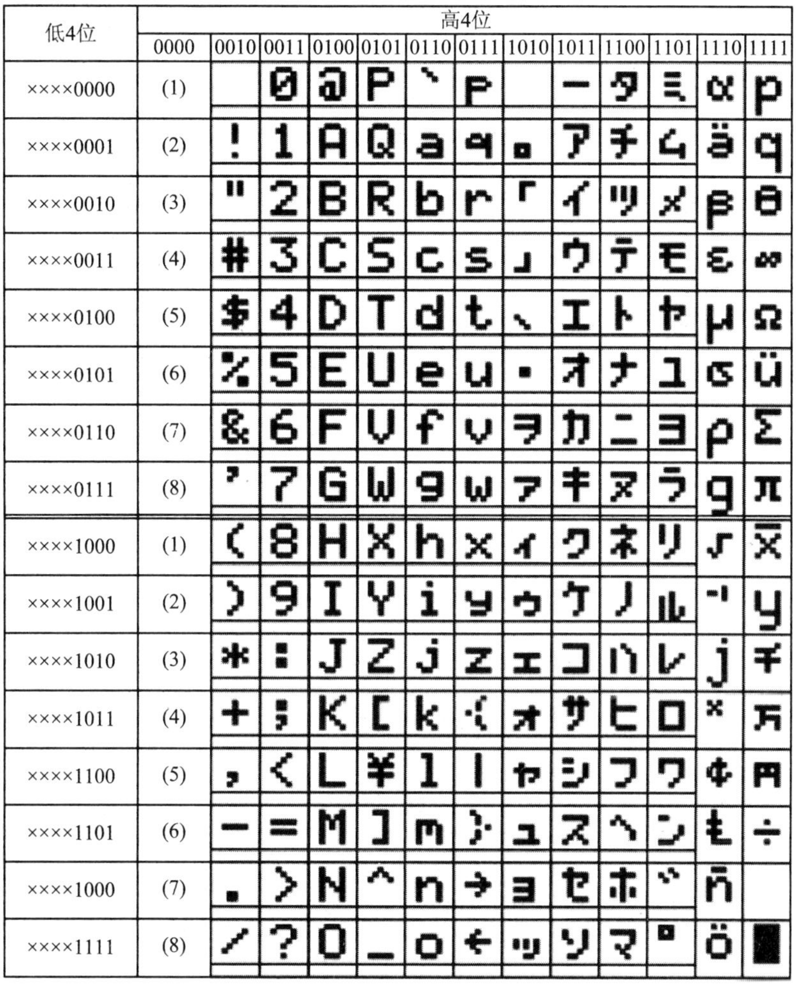

| 低4位 | | 高4位 | | | | | | | | | | | | |
|---|---|---|---|---|---|---|---|---|---|---|---|---|---|---|
| | | 0000 | 0010 | 0011 | 0100 | 0101 | 0110 | 0111 | 1010 | 1011 | 1100 | 1101 | 1110 | 1111 |
| ××××0000 | (1) | | | 0 | @ | P | ` | p | | ― | タ | ミ | α | p |
| ××××0001 | (2) | | ! | 1 | A | Q | a | q | 。 | ア | チ | ム | ä | q |
| ××××0010 | (3) | | " | 2 | B | R | b | r | 「 | イ | ツ | メ | β | θ |
| ××××0011 | (4) | | # | 3 | C | S | c | s | 」 | ウ | テ | モ | ε | ∞ |
| ××××0100 | (5) | | $ | 4 | D | T | d | t | 、 | エ | ト | ヤ | μ | Ω |
| ××××0101 | (6) | | % | 5 | E | U | e | u | ・ | オ | ナ | ユ | σ | ü |
| ××××0110 | (7) | | & | 6 | F | V | f | v | ヲ | カ | ニ | ヨ | ρ | Σ |
| ××××0111 | (8) | | ' | 7 | G | W | g | w | ア | キ | ヌ | ラ | g | π |
| ××××1000 | (1) | | ( | 8 | H | X | h | x | ィ | ク | ネ | リ | ♪ | x̄ |
| ××××1001 | (2) | | ) | 9 | I | Y | i | y | ゥ | ケ | ノ | ル | " | y |
| ××××1010 | (3) | | * | : | J | Z | j | z | ェ | コ | ハ | レ | j | 千 |
| ××××1011 | (4) | | + | ; | K | [ | k | { | ォ | サ | ヒ | ロ | × | 万 |
| ××××1100 | (5) | | , | < | L | ¥ | l | | | ャ | シ | フ | ワ | ¢ | 円 |
| ××××1101 | (6) | | ― | = | M | ] | m | } | ュ | ス | ヘ | ン | £ | ÷ |
| ××××1000 | (7) | | . | > | N | ^ | n | → | ョ | セ | ホ | ゛ | ñ | |
| ××××1111 | (8) | | / | ? | O | _ | o | ← | ッ | ソ | マ | ゜ | ö | ■ |

图 3-50　CGROM 中存储的字符与地址的关系

(4) 提供较为丰富的指令设置，如清屏设置、显示开关、光标开关、显示字符闪烁、光标移位、显示移位等。具体指令如表 3-6～表 3-10 以及表 3-12～表 3-17 所示。

表 3-6　指令 1

| 指令1 | 指 令 码 | | | | | | | | | | 执行周期 FCP=250 kHz |
|---|---|---|---|---|---|---|---|---|---|---|---|
| | RS | R/W | DB7 | DB6 | DB5 | DB4 | DB3 | DB2 | DB1 | DB0 | |
| 清屏 | L | L | L | L | L | L | L | L | L | H | 1.64 ms |

指令 1 功能：清除液晶显示屏，即将 DDRAM 中的内容全部填入空白，即 00100000(0X20H)；光标归位，即将光标撤回显示屏的左上方；将地址计数器(AC)的值设为 0。

表 3-7　指令 2

| 指令2 | 指 令 码 | | | | | | | | | | 执行周期 FCP=250 kHz |
|---|---|---|---|---|---|---|---|---|---|---|---|
| | RS | R/W | DB7 | DB6 | DB5 | DB4 | DB3 | DB2 | DB1 | DB0 | |
| 光标归位 | L | L | L | L | L | L | L | L | H | X | 1.64 ms |

指令 2 功能：光标归位，撤回显示屏的左上方；地址计数器(AC)置 0；保持 DDRAM 内容不变。

表 3-8　指令 3

| 指令3 | 指 令 码 | | | | | | | | | | 执行周期 |
| | RS | R/W | DB7 | DB6 | DB5 | DB4 | DB3 | DB2 | DB1 | DB0 | FCP=250 kHz |
|---|---|---|---|---|---|---|---|---|---|---|---|
| 设置模式 | L | L | L | L | L | L | L | H | I/D | S | 40 μs |

指令 3 功能：确定写入数据后光标及显示屏的移动情况。I/D = 0，写入数据后光标左移；I/D = 1，写入数据后光标右移；S = 0，写入数据后显示屏不移动；S = 1，写入数据后显示屏整体右移一个字符。

表 3-9　指令 4

| 指令4 | 指 令 码 | | | | | | | | | | 执行周期 |
| | RS | R/W | DB7 | DB6 | DB5 | DB4 | DB3 | DB2 | DB1 | DB0 | FCP=250 kHz |
|---|---|---|---|---|---|---|---|---|---|---|---|
| 显示开关控制 | L | L | L | L | L | L | H | D | C | B | 40 μs |

指令 4 功能：控制显示屏的开关、光标是否闪烁等，不改变 DDRAM 中的内容。D = 0，显示功能关，D = 1，显示功能开；C = 0，无光标，C = 1，有光标；B = 0，光标闪烁，B = 1，光标不闪烁。

表 3-10　指令 5

| 指令5 | 指 令 码 | | | | | | | | | | 执行周期 |
| | RS | R/W | DB7 | DB6 | DB5 | DB4 | DB3 | DB2 | DB1 | DB0 | FCP=250 kHz |
|---|---|---|---|---|---|---|---|---|---|---|---|
| 移位 | L | L | L | L | L | L | S/C | R/L | X | X | 40 μs |

指令 5 功能：移动光标或整体显示，不改变 DDRAM 中的内容(具体情况见表 3-11)。

表 3-11　指令 5 的各种情况

| S/C | R/L | 描　　述 |
|---|---|---|
| 0 | 0 | 光标左移一格，AC(地址计数器)值减1 |
| 0 | 1 | 光标右移一格，AC值加1 |
| 1 | 0 | 显示屏上字符全部左移一格，但光标不动 |
| 1 | 1 | 显示屏上字符全部右移一格，但光标不动 |

表 3-12　指令 6

| 指令6 | 指 令 码 | | | | | | | | | | 执行周期 |
| | RS | R/W | DB7 | DB6 | DB5 | DB4 | DB3 | DB2 | DB1 | DB0 | FCP=250 kHz |
|---|---|---|---|---|---|---|---|---|---|---|---|
| 功能设定 | L | L | L | L | H | DL | N | F | X | X | 40 μs |

指令 6 功能：设置数据总线位数、显示行数、字形。DL=0，数据总线位数 4 位，DB3～DB0 不用，DL = 1，数据总线位数 8 位；N = 0，显示 1 行，N = 1，显示 2 行；F = 0，每字符 5×8 点阵，F = 1，每字符 5×10 点阵。当选择 5×10 点阵时，N 只能取值 0，因为模块不能双行显示 5×10 点阵。

表 3-13　指令 7

| 指令7 | 指 令 码 | | | | | | | | | | 执行周期 |
|---|---|---|---|---|---|---|---|---|---|---|---|
| | RS | R/W | DB7 | DB6 | DB5 | DB4 | DB3 | DB2 | DB1 | DB0 | FCP=250 kHz |
| 设置CGRAM地址 | L | L | L | H | CGRAM地址(6位) | | | | | | 40 μs |

指令 7 功能：将自定义的字符存入 CGRAM 的某一个地址空间。DB5 DB4 DB3：字符号，即 000～111，能够自定义 8 个字符；DB2 DB1 DB0：存储字符字模，共能存储 8 行。

表 3-14　指令 8

| 指令8 | 指 令 码 | | | | | | | | | | 执行周期 |
|---|---|---|---|---|---|---|---|---|---|---|---|
| | RS | R/W | DB7 | DB6 | DB5 | DB4 | DB3 | DB2 | DB1 | DB0 | FCP=250 kHz |
| 设置DDRAM地址 | L | L | H | DDRAM地址(7位) | | | | | | | 40 μs |

指令 8 功能：设定要存入数据的 DDRAM 的地址，由于 DB7=1，因此如果要在显示屏第二行第一列显示字符，则地址应是 C0H，即在原地址(40H)基础上加上 80H。

表 3-15　指令 9

| 指令9 | 指 令 码 | | | | | | | | | | 执行周期 |
|---|---|---|---|---|---|---|---|---|---|---|---|
| | RS | R/W | DB7 | DB6 | DB5 | DB4 | DB3 | DB2 | DB1 | DB0 | FCP=250 kHz |
| 读取忙信号或AC | L | H | BF | AC内容(7位) | | | | | | | 0 μs |

指令 9 功能：读取忙信号 BF 和地址计数器的内容。BF=0，可以接收数据或指令；BF=1，显示器忙，无法接收。

表 3-16　指令 10

| 指令10 | 指 令 码 | | | | | | | | | | 执行周期 |
|---|---|---|---|---|---|---|---|---|---|---|---|
| | RS | R/W | DB7 | DB6 | DB5 | DB4 | DB3 | DB2 | DB1 | DB0 | FCP=250 kHz |
| 数据写入 | H | L | 要写入的数据(8位) | | | | | | | | 40 μs |

指令 10 功能：将字符码写入 DDRAM，使显示屏显示对应的字符；将自行设计的字符的字模存入 CGRAM。

表 3-17　指令 11

| 指令11 | 指 令 码 | | | | | | | | | | 执行周期 |
|---|---|---|---|---|---|---|---|---|---|---|---|
| | RS | R/W | DB7 | DB6 | DB5 | DB4 | DB3 | DB2 | DB1 | DB0 | FCP=250 kHz |
| 数据读出 | H | H | 要读出的数据(8位) | | | | | | | | 40 μs |

指令 11 功能：从数据寄存器读出数据。

指令 7 用于将自定义的字符存入 CGRAM 中，其中涉及一个名词"字模"。字模就是在点阵屏幕上点亮和熄灭的数据信息。表 3-18 显示了字符字模与 CGRAM 中的存储关系。

第一个字模是一个"土"字，按照 5×8 点阵的形式排列，高电平 1 表示点亮相应点，由点亮的点形成一个"土"字。将自定义的字模的每一行存入 CGRAM 中的地址，如前所述，DB5 DB4 DB3 代表第几个字符，DB2 DB1 DB0 代表每个字符字模的每一行；由于写入数据时，还需要参照指令 10，共需送入 8 位数据，所以每行字模的高 3 位以 0 填充。例如：将"土"字字模第一行"00000100"送入存储空间 CGRAM，地址是 01000000；字模第二行"00000100"送入存储空间 CGRAM，地址是 01000001；字模第三行"00001110"送入存储空间 CGRAM，地址是 01000010。依此类推。第二个字模是"共"字，放在 CGRAM 从 01001000 开始的地址空间内。

表 3-18　"土"字与"共"字字模

| CGRAM地址 | | | | | | | | 字符字模 | | | | | | | |
|---|---|---|---|---|---|---|---|---|---|---|---|---|---|---|---|
| DB7 | DB6 | DB5 | DB4 | DB3 | DB2 | DB1 | DB0 | 7 | 6 | 5 | 4 | 3 | 2 | 1 | 0 |
| L | H | 0 | 0 | 0 | 0 | 0 | 0 | 0 | 0 | 0 | 0 | 0 | 1 | 0 | 0 |
| | | | | | 0 | 0 | 1 | 0 | 0 | 0 | 0 | 0 | 1 | 0 | 0 |
| | | | | | 0 | 1 | 0 | 0 | 0 | 0 | 0 | 1 | 1 | 1 | 0 |
| | | | | | 0 | 1 | 1 | 0 | 0 | 0 | 0 | 0 | 1 | 0 | 0 |
| | | | | | 1 | 0 | 0 | 0 | 0 | 0 | 0 | 0 | 1 | 0 | 0 |
| | | | | | 1 | 0 | 1 | 0 | 0 | 0 | 1 | 1 | 1 | 1 | 1 |
| | | | | | 1 | 1 | 0 | 0 | 0 | 0 | 0 | 0 | 0 | 0 | 0 |
| | | | | | 1 | 1 | 1 | 0 | 0 | 0 | 0 | 0 | 0 | 0 | 0 |
| L | H | 0 | 0 | 1 | 0 | 0 | 0 | 0 | 0 | 0 | 0 | 1 | 0 | 1 | 0 |
| | | | | | 0 | 0 | 1 | 0 | 0 | 0 | 0 | 1 | 0 | 1 | 0 |
| | | | | | 0 | 1 | 0 | 0 | 0 | 1 | 1 | 1 | 1 | 1 | 1 |
| | | | | | 0 | 1 | 1 | 0 | 0 | 0 | 0 | 1 | 0 | 1 | 0 |
| | | | | | 1 | 0 | 0 | 0 | 0 | 0 | 0 | 1 | 0 | 1 | 0 |
| | | | | | 1 | 0 | 1 | 0 | 0 | 1 | 1 | 1 | 1 | 1 | 1 |
| | | | | | 1 | 1 | 0 | 0 | 0 | 0 | 0 | 1 | 0 | 1 | 0 |
| | | | | | 1 | 1 | 1 | 0 | 0 | 0 | 1 | 0 | 0 | 0 | 1 |

### 3. 实验内容

在 1602 上分两行显示 WELCOME TO CQUPT。第一行从第 3 列开始显示 WELCOME TO，第二行从第 5 列开始显示 CQUPT。

### 4. 实验方案

采用状态机的设计方法实现。可以定义 s1～s6 共 6 个状态，如图 3-51 所示。

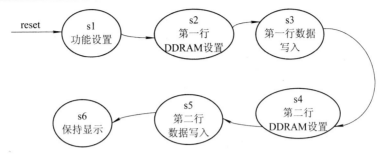

图 3-51 状态转移图

s1 态为功能设置状态，进行 LCD 的功能设定、模式设置和显示控制，如确定采用 8 位数据总线传输形式、2 行显示、5×8 点阵，则使用指令 6，DB7～DB0 设置为 "00111000" 即 38H；由于是写操作，所以 rw = '0'；指向指令寄存器，rs = '0'。

s2 态设置第一行数据显示位置，即 DDRAM 地址。参照图 3-49，可以确定如果要从第 3 列开始显示，则地址是 02H(即 "00000010")，再参照指令 8，则 DB7～DB0 设置为 "10000010"，即 82H，相当于原 DDRAM 地址加上 80H；写操作，rw = '0'；指向指令寄存器，rs = '0'。

s3 态实现第一行数据的写入，参照指令 10，DB7～DB0 设置为要写入的字符。通过查找图 3-50，确定第一行所要显示的所有字符在 CGROM 中的地址，如字符 "W"，地址是 "01010111"。依次查找所有待显示字符的 CGROM 地址，可以自定义一个变量来存储；指向数据寄存器，rs = '1'；写操作，rw = '0'。

s4 态设置第二行数据显示位置。从第 5 列开始，则 DB7～DB0 设置为 C5H，rs 和 rw 的设置同 s2 态。

s5 态完成第二行数据的写入，参照 s3 态设置参数。

s6 态是结束状态，显示完成后，光标撤回显示屏左上方，地址计数器清零，保持 DDRAM 中内容不变。

reset 是清零按键，通过按键进行显示屏清零，回到初始状态 s1。

【例 3-10】显示字符例程。

```
L1    -------------------------------------------------------------------------------------------
L2    LIBRARY ieee;
L3    USE ieee.std_logic_1164.all;
L4    USE ieee.std_logic_arith.all;
L5    USE ieee.std_logic_unsigned.all;
L6    -------------------------------------------------------------------------------------------
L7    ENTITY welcome IS
L8      PORT (clk        : IN   STD_LOGIC;    --系统时钟信号，用于控制状态之间的转移
L9            reset      : IN   STD_LOGIC;    --清屏复位按键
L10           lcd_rs     : OUT STD_LOGIC;     --寄存器选择，用于选择指令或数据寄存器
L11           lcd_rw     : OUT STD_LOGIC;     --读写控制输出
L12           lcd_en     : OUT STD_LOGIC;     --使能信号，下降沿写入
L13           lcd_data   : OUT STD_LOGIC_VECTOR(7 DOWNTO 0));  输出指令或数据
```

```
L14  END welcome ;
L15  --------------------------------------------------------------------------------------------------------------
L16  ARCHITECTURE bhv OF welcome IS
L17      TYPE statetype IS (s1,s2,s3,s4,s5,s6);   --定义一个有 6 个状态的状态机
L18      SIGNAL state : statetype;
L19      SIGNAL count : INTEGER RANGE 0 TO 9;
L20      TYPE datatype1 IS ARRAY (0 TO 9) OF STD_LOGIC_VECTOR(7 DOWNTO 0);
L21      TYPE datatype2 IS ARRAY (0 TO 4) OF STD_LOGIC_VECTOR(7 DOWNTO 0);
L22      CONSTANT   zifu1 : datatype1:=("01010111","01000101","01001100",
L23                              "01000011","01001111","01001101",
L24                              "01000101","00100000","01010100",
L25                              "01001111");         --存储 WELCOME TO
L26      CONSTANT   zifu2 : datatype2:=("01000011","01010001","01010101",
L27                                        "01010000","01010100"); --存储 CQUPT
L28      SIGNAL rs        : STD_LOGIC :='0';       --初始值设置，低电平访问指令寄存器
L29      SIGNAL rw        : STD_LOGIC :='0';       --初始值设置，低电平写操作
L30      SIGNAL data      : STD_LOGIC_VECTOR(7 DOWNTO 0);
L31  BEGIN
L32  lcd_rw<=rw;   lcd_rs<=rs;   lcd_data<=data;   lcd_en<=clk;
L33  PROCESS(clk,reset)
L34  BEGIN
L35    IF reset='1' THEN                --清屏按键没有按下时
L36       IF clk'EVENT AND clk='1' THEN
L37        CASE state IS
L38        WHEN s1 =>IF count=0 THEN data<="00111000";count<=count+1;
L39                                          --功能设定，38H
L40               ELSIF count=1 THEN data<="00000110";count<=count+1;
L41                                          --设置模式，06H
L42               ELSIF count=2 THEN data<="00001100";count<=count+1;
L43                                          --显示控制，0CH
L44               ELSE state<=s2;count<=0;
L45               END IF;
L46        WHEN s2 =>data<="10000010";state<=s3;   --指令 8，DDRAM 地址，82H
L47        WHEN s3 =>rs<='1';                --访问数据寄存器，显示 WELCOME
L48               IF count=9 THEN state<=s4;data<=zifu1(count);
L49               ELSE state<=s3;data<=zifu1(count);count<=count+1;
L50               END IF;
L51        WHEN s4 =>rs<='0'; data<="11000101";count<=0;state<=s5;
L52                                          --访问指令寄存器，指令 8
L53        WHEN s5 =>rs<='1';                --第二次访问数据寄存器，显示 CQUPT
```

L54　　　　　　　　　　　　IF count=4 THEN state<=s6;data<=zifu2(count);

L55　　　　　　　　　　　　ELSE state<=s5;data<=zifu2(count);count<=count+1;

L56　　　　　　　　　　　END IF;

L57　　　　　　　WHEN s6 =>rs<='0';data<="00000010";count<=0;　　--指令 2 光标归位

L58　　　　　　　WHEN OTHERS =>count<=0;state<=s1;

L59　　　　　　END CASE;

L60　　　　　END IF;

L61　　　　ELSE data<="00000001"; state<=s1;　　　--清屏按键按下时，指令 1 清屏

L62　　　END IF;

L63　　END PROCESS;

L64　END bhv;

L65　---------------------------------------------------------------------------------------------------------------------------

重要知识点：

➤ 自定义数据类型。

在例 3-10 中使用到了 3 个自定义数据类型，分别是 statetype、datatype1、datatype2。其中 statetype 是枚举类型，定义了状态机的 6 个状态 s1~s6，详细可参见实验 6 "简单状态机的设计"，这里不再赘述。datatype1 和 datatype2 均是二维数组。以 datatype1 为例，定义了一个有 10 个元素的数组，其每一个元素都是一个 8 位的标准逻辑位矢量。

自定义数据类型采用类型定义关键词 "TYPE"，一般表达结构如下：

　　　　TYPE 数组名 IS ARRAY (数组范围) OF 数据类型

例 1：

　　　　TYPE　btype　IS ARRAY (7 downto 0)OF　STD_LOGIC;

　　　　SIGNAL cnt1：btype；

例 2：

　　　　SIGNAL cnt2：STD_LOGIC_VECTOR(7 downto 0);

例 1 中定义了一个新的数据类型 btype，它是一个 8 位的标准逻辑位矢量，然后定义了信号 cnt1，其数据类型是 btype。例 2 中定义了信号 cnt2，其数据类型是标准逻辑位矢量。从结构上来看，信号 cnt1 和 cnt2 均是 8 位标准逻辑位矢量，但二者之间并不能执行赋值等操作，如 cnt1<=cnt2，原因在于使用类型定义语句 TYPE 定义的是一个全新的数据类型。

➤ 常量的使用。

在自定义了数据 datatype1 和 datetype2 后，从 L22 到 L27 行使用关键词 "CONSTANT" 定义常量，用于存储将要显示的字符。常量定义的一般表述如下：

　　　　CONSTANT　常量名：数据类型　：=表达式;

其中 "：="是赋值符号。

➤ 时序的控制。

直接将系统时钟信号赋值给使能端 E，在时钟 clk 的上升沿时进行状态的判断与转移，在 clk 下降沿时将数据或指令写入 1602。

5. 实验步骤及结果

选择实验箱模式 6，具体引脚锁定见表 3-19。时钟可选择信号 F0，选择 5Hz，这样能

够看到每一个字符依次送出显示。根据状态机的设定，当所有字符显示完成后将继续保持显示结果不变，如图 3-52 所示，除非按动清屏按键 reset。

表 3-19 引脚对应表

| 端口名 | 引脚名 | 引脚号 |
|---|---|---|
| clk | clk2 | 39(F0) |
| reset | SW0 | 86 |
| lcd_rs | rs | 76 |
| lcd_rw | rw | 77 |
| lcd_en | E | 79 |
| lcd_data[7..0] | DB7～DB0 | 80/83/84/85/4/3/2/1 |

图 3-52 最终显示结果

例 3-10 是一个比较简单的示例程序，并没有考虑器件的忙状态，原因是系统频率选得很小。从背景知识中的指令 9 可知，当 1602 处于忙状态时，是不能接收指令和数据的，必须保证器件已经执行完上一条指令，处于空闲状态。实现的方法一般有两种：一是每执行完一条指令或数据的读写，就进行读忙，执行指令 9，确定空闲后再继续执行；二是延时，通过延时一定的时间，确保上一条指令已经执行完毕。如果仔细观察，可以发现在每条指令的说明中都有一项执行周期，即在系统时钟 250 kHz 的情况下，每条指令的执行时间，如清屏指令是 1.64 ms、功能设置指令是 40 μs。由于实验箱在设置时为了简化编程，已经将"读忙"禁止，所以只能采用延时的方法，请读者自行设计。

**6. 实验引申**

(1) 在 1602 的第二行第 4 列开始显示学号，并实现光标的闪烁。

(2) 设计一个自定义字符"土"，在 1602 的第 1 行第 7 列显示。

提示：在实验示例的基础上，仍然采用状态机的形式，在状态 s1 后，添加新的状态，先自定义字符字模，将其存入 CGRAM 中；然后再从 CGRAM 中读出字符到显示数据缓冲区 DDRAM 中显示。

(3) 在 1602 上显示一个心型图案，如图 3-53 所示。

图 3-53 显示心型图案

提示：按照 5×8 点阵定义一个图形字模，8 个图形字模构成一个心型。

# 第4章　EDA技术实验——提高篇2(通信类)

本章包括两个实验，分别是数字调制和冗余校验。本章的编写目的是使学生掌握使用CPLD/FPGA 器件完成部分通信相关实验的方法。

## 实验 13　数字二进制频移键控调制模块的设计

### 1. 实验目的

(1) 了解数字调制技术，掌握 FSK 调制的原理。

(2) 了解伪随机序列的应用，掌握 m 序列的产生原理。

(3) 学会使用 FPGA 器件完成数字调制。

### 2. 背景知识

1) 调制技术

信源输出的消息信号一般具有从零频开始的较宽频谱，而且在频谱的低端分布较大的能量，所以称为基带信号，不宜在信道中直接传输。为了便于传输、提高信号的抗干扰能力和有效利用带宽，需要通过调制将信号的频谱搬移到适合信道和噪声特性的频率范围内进行传输。其中原始基带信号叫做调制信号，携带调制信号的信号叫做载波。调制的方式就是按照调制信号的变化去改变载波的某些参数。

调制可分为模拟调制(调制信号取值连续)和数字调制(调制信号取值离散)两类。不管是哪一种调制，按照其控制信号的参量的不同，又可分为调幅、调频和调相。调幅指载波的幅度随调制信号的大小变化而变化的调制方式。调频指载波的瞬时频率随调制信号的大小而变，幅度则保持不变。调相则利用原始基带信号控制载波的相位。利用正弦波作为载波的常见调制分类见表 4-1。

以下简单介绍二进制数字调制的基本原理。如果基带信号是二进制，则称其为二进制数字调制；如果基带信号是多进制，则称其为多进制数字调制。

(1) 二进制振幅键控 ASK。二进制振幅键控记为 2ASK(2 Amplitude Shift Keying)，它利用代表数字信息 "0" 或 "1" 的基带矩形脉冲去键控一个连续的载波，使载波时断时续地输出。有载波输出表示发送 1，无载波输出表示发送 0。其信号的产生方法和波形示例见图 4-1。

### 表 4-1　采用正弦波作为载波的常见调制分类

| 调 制 方 式 | | 用 途 举 例 |
|---|---|---|
| 模拟调制 | 常规双边带调幅 AM | 广播 |
| | 单边带调制 SSB | 载波通信 |
| | 双边带调制 DSB | 立体声广播 |
| | 残留边带调制 VSB | 电视广播、传真 |
| | 频率调制 FM | 卫星通信、广播 |
| | 相位调制 PM | 中间调制方式 |
| 数字调制 | 振幅键控 ASK | 数据传输 |
| | 频移键控 FSK | 数据传输 |
| | 相移键控 PSK、DPSK | 数据传输 |
| | 其他高效调制 QAM、MSK 等 | 数字微波、空间通信 |

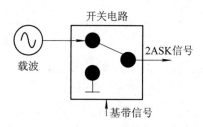

(a) 产生方法

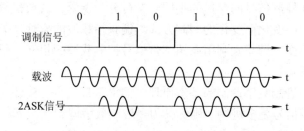

(b) 波形示例

图 4-1　2ASK 信号的产生方法及波形

　　(2) 二进制频移键控 FSK。二进制频移键控记为 2FSK(2 Frequency Shift Keying)，载波频率随着二进制基带信号的变化在 f1、f2 两个频率间变化。二进制频移键控可以看成是两个不同频率载波的二进制振幅键控信号的叠加，其产生方法和波形示例见图 4-2。

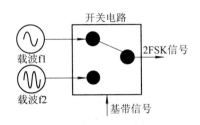

(a) 产生方法

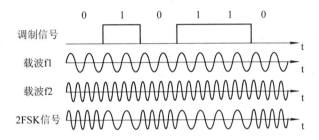

(b) 波形示例

图 4-2　2FSK 信号的产生方法及波形

(3) 二进制相移键控 PSK。二进制相移键控记为 2PSK(2 Phase Shift Keying)，载波相位随二进制基带信号的变化而离散变化。通常用已调信号载波的 0°和 180°分别表示二进制基带信号的 1 和 0，其产生方法和示例波形见图 4-3。

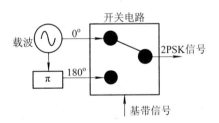

(a) 产生方法

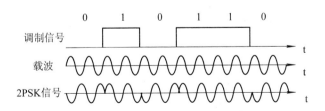

(b) 波形示例

图 4-3　2PSK 信号的产生方法及波形

#### 2) m 序列基本原理

　　m 序列是最长线性反馈移位寄存器序列的简称，是一种常见的伪随机序列。所谓伪随机序列，是指一种可以预先确定并可以重复产生和复制，且具有随机统计特性的二进制码序列。由于伪随机序列表现出白噪声采样序列的统计特性，在不知其生成方法的侦听者看来像真的随机序列一样，因此，伪随机信号在信息安全、数字网络、移动通信、保密通信等领域有着广泛的应用。

　　产生伪随机序列可以有很多方法，其中采用移位寄存器(移存器)产生是最为普遍的。假设在 4 级线性反馈移存器(见图 4-4)中，其初值状态(a3，a2，a1，a0) = 1000，则移位一次，由 a3 和 a0 模 2 相加产生新的输入 a4 = a3 XOR a0 = 1，新的状态变为(a4，a3，a2，a1) = 1100，这样移位 15 次后又回到初始状态 1000，见图 4-5。若初始状态为 0000，则移位后仍然是 0000，所以应该避免出现全 0 的状态，否则移存器的状态将不会改变。4 级移存器共有 $2^4 = 16$ 个可能状态，除去全 0 状态外，还有 15 个状态可用，即由 4 级移存器产生序列的最长周期是 15。不同的反馈方式产生的周期可能不同。一般来说，n 级线性反馈移存器可能产生的最长周期是 $2^n - 1$，称这种最长的序列为最长线性反馈移位寄存器序列，简称 m 序列。

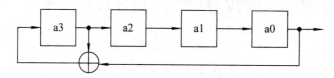

图 4-4　4 级反馈移存器

```
a3 a2 a1 a0
 1  0  0  0
 1  1  0  0
 1  1  1  0
 1  1  1  1
 0  1  1  1
 1  0  1  1
 0  1  0  1
 1  0  1  0
 1  1  0  1
 0  1  1  0
 0  0  1  1
 1  0  0  1
 0  1  0  0
 0  0  1  0
 0  0  0  1
```
共 15 个状态

图 4-5　4 级反馈移存器移位状态

　　要想构成 m 序列，必须确定反馈线的连接状态，也就是确定本原多项式。但寻找本原多项式并不是简单的，尤其当 n 的次数较高时，是一项很繁琐的工作。经过前人大量的计算已将本原多项式列成表备查，见表 4-2。其中 X 并无实际意义，X 的系数代表反馈连接关系，系数为 1(即在本原多项式中有该次项)表示此级参加反馈，系数为 0(即没有该次项)

表示此级没有参加反馈。具体有关本原多项式的推导、特征方程式的概念等请读者查阅相关文献，这里不再赘述。

表 4-2　本原多项式

| n | 本原多项式 |
|---|---|
| 2 | $X^2 + X + 1$ |
| 3 | $X^3 + X + 1$ |
| 4 | $X^4 + X + 1$ |
| 5 | $X^5 + X^2 + 1$ |
| 6 | $X^6 + X + 1$ |
| 7 | $X^7 + X^3 + 1$ |
| 8 | $X^8 + X^4 + X^3 + X^2 + 1$ |
| 9 | $X^9 + X^4 + 1$ |
| 10 | $X^{10} + X^3 + 1$ |
| 11 | $X^{11} + X^2 + 1$ |
| 12 | $X^{12} + X^6 + X^4 + X + 1$ |
| 13 | $X^{13} + X^4 + X^3 + X + 1$ |
| 14 | $X^{14} + X^{10} + X^6 + X + 1$ |
| 15 | $X^{15} + X + 1$ |
| 16 | $X^{16} + X^{12} + X^3 + X + 1$ |
| 17 | $X^{17} + X^3 + 1$ |
| 18 | $X^{18} + X^7 + 1$ |
| 19 | $X^{19} + X^5 + X^2 + X + 1$ |

以 4 级移存器为例，查表可知其本原多项式是 $X^4 + X + 1$，即第 4 级和第 1 级参与反馈，经异或运算后送入第 1 级，如图 4-6 所示。

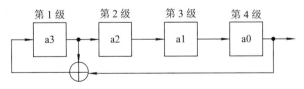

图 4-6　4 级反馈移存器

3. 实验内容

采用 m 序列发生器作为基带信号源，设计 2FSK 调制模块。使用 SignalsTab Ⅱ观察调制后的信号。其中载波 1 的频率是 1.25 MHz，载波 2 的频率是 625 kHz，m 序列码元产生速率是 78.125 kb/s。m 序列采用 5 级移存器。

### 4. 实验方案

整个系统可分为分频器模块、m 序列发生器模块、频率选择模块和波形数据存储模块，见图 4-7。分频器模块将实验箱的系统时钟进行分频，产生载波 1、2 的频率和 m 序列发生器的时钟。m 序列发生器产生的码元作为调制信号用于控制载波频率选择。当输入调制信号是 0 时，选择频率 f1；当输入调制信号是 1 时，选择频率 f2。频率选择模块将选定的频率 f 输出，同时根据此频率产生存储器的地址，用于查找存储在 ROM 中的正弦波波形数据。波形数据存储模块在频率 f 的作用下，按照地址依次取出正弦波波形数据。

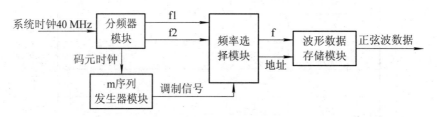

图 4-7    2FSK 系统结构

(1) 分频器模块。由实验要求可知，需要载波 1 的频率是 1.25 MHz，载波 2 的频率是 625 kHz。载波频率由两个因素决定：一是 ROM 中存储的一个周期的正弦波波形数据的个数，二是从 ROM 中读出数据的时钟。假设在 ROM 中存储了 32 个波形数据，时钟频率是 f，则产生的正弦波波形频率是 f/32。也就是说载波 1 的频率 1.25 MHz = f1/32，载波 2 的频率 625 kHz = f2/32。由此可以算出 f1 = 40 MHz，f2 = 20 MHz。

【例 4-1】分频器模块。

```
L1   --------------------------------------------------------------------------------
L2   LIBRARY ieee;
L3   USE ieee.std_logic_1164.all;
L4   USE ieee.std_logic_unsigned.all;
L5   --------------------------------------------------------------------------------
L6   ENTITY pulse IS
L7       PORT(clk_40m    : IN   STD_LOGIC;        -- 实验箱系统时钟 40 MHz
L8            f1,f2      : OUT STD_LOGIC;
L9            clkcode    : OUT STD_LOGIC );       -- 码元时钟
L10  END pulse;
L11  --------------------------------------------------------------------------------
L12  ARCHITECTURE bhv OF pulse IS
L13      SIGNAL ftemp1,ftemp2 : STD_LOGIC;
L14      SIGNAL cnt           : STD_LOGIC_VECTOR(7 DOWNTO 0);
L15  BEGIN
```

```
L16    p0:PROCESS(clk_40m)                    --20 MHz
L17    BEGIN
L18        IF clk_40m'EVENT AND clk_40m='1' THEN ftemp1<=NOT ftemp1;
L19        END IF;
L20    END PROCESS p0;
L21    p1:PROCESS(ftemp1)                      --码元时钟 78.125 kHz
L22    BEGIN
L23      IF ftemp1'EVENT AND ftemp1='1' THEN
L24        IF cnt="11111111" THEN cnt<=(OTHERS=>'0');ftemp2<='1';
L25        ELSE ftemp2<='0';cnt<=cnt+1;
L26        END IF;
L27      END IF;
L28    END PROCESS p1;
L29    f2<=ftemp1;f1<=clk_40m; clkcode<=ftemp2;
L30 END bhv;
L31 -------------------------------------------------------------------------------------------
```

(2) m 序列发生器模块。根据实验要求采用 5 级移存器，即周期是 31。查表可知其本原多项式是 $X^5 + X^2 + 1$，即第 5 级和第 2 级参与反馈，见图 4-8。示例程序见例 4-2。

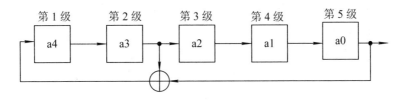

图 4-8　5 级反馈移存器

【例 4-2】m 序列发生器模块。

```
L1  -------------------------------------------------------------------------------------------
L2  LIBRARY ieee;
L3  USE ieee.std_logic_1164.all;
L4  -------------------------------------------------------------------------------------------
L5  ENTITY mcode IS
L6      PORT(clk   :  IN   STD_LOGIC;          -- 码元时钟，确定码元产生的速度
L7            q    :  OUT STD_LOGIC );         -- 调制信号
L8  END mcode;
L9  -------------------------------------------------------------------------------------------
L10 ARCHITECTURE   bhv OF mcode IS
L11    SIGNAL a   : STD_LOGIC_VECTOR(4 DOWNTO 0);
L12 BEGIN
```

```
L13      PROCESS(clk)
L14      BEGIN
L15        IF clk'EVENT AND clk='1' THEN
L16          IF a="00000" THEN a<="10000";        -- 避免全 0 状态
L17          ELSE a(3 DOWNTO 0)<=a(4 DOWNTO 1); a(4)<=a(3) XOR a(0);
L18                                                -- 确定反馈结构
L19          END IF;
L20        END IF;
L21      END PROCESS;
L22      q<=a(0);
L23 END bhv;
L24 -----------------------------------------------------------------------------------------
```

(3) 频率选择模块。

【例 4-3】频率选择模块。

```
L1  -----------------------------------------------------------------------------------------
L2  LIBRARY ieee;
L3  USE ieee.std_logic_1164.all;
L4  USE ieee.std_logic_unsigned.all;
L5  -----------------------------------------------------------------------------------------
L6  ENTITY ctl IS
L7      PORT(data        : IN   STD_LOGIC;    -- 调制信号
L8            f1,f2      : IN   STD_LOGIC;
L9            f          : OUT STD_LOGIC;
L10           address    : OUT STD_LOGIC_VECTOR(4 DOWNTO 0));
L11 END ctl;
L12 -----------------------------------------------------------------------------------------
L13 ARCHITECTURE bhv OF ctl IS
L14     SIGNAL cnt       : STD_LOGIC_VECTOR(4 DOWNTO 0);
L15     SIGNAL ftemp     : STD_LOGIC;
L16 BEGIN
L17     p0:PROCESS(data)
L18     BEGIN
L19       IF data='0' THEN ftemp<=f1;    -- 调制信号为 0 时，选择频率 f1
L20       ELSE ftemp<=f2;                 -- 调制信号为 1 时，选择频率 f2
L21       END IF;
L22     END PROCESS p0;
L23     p1:PROCESS(ftemp)                 -- 产生存储器地址
```

```
L24     BEGIN
L25         IF ftemp'EVENT AND ftemp='1' THEN cnt<=cnt+1;
L26         END IF;
L27     END PROCESS p1;
L28     f<=ftemp;address<=cnt;
L29 END bhv;
L30 --------------------------------------------------------------------------------
```

(4) 波形数据存储模块。配置波形数据文件，定制 lpm_rom，具体可参见实验 10。本例中选择 ROM 的数据线宽是 8 位，地址线 5 位，即共存储 32 个波形数据。具体波形数据请读者自行计算。

【例 4-4】波形数据存储模块。

```
L1  --------------------------------------------------------------------------------
L2  LIBRARY ieee;
L3  USE ieee.std_logic_1164.all;
L4  --------------------------------------------------------------------------------
L5  ENTITY fsk IS
L6      PORT(clk_40m   :  IN   STD_LOGIC;
L7              sindata    :  OUT STD_LOGIC_VECTOR (7 DOWNTO 0));
L8  END fsk;
L9  --------------------------------------------------------------------------------
L10 ARCHITECTURE bhv OF fsk IS
L11     COMPONENT mcode
L12         PORT(clk   :  IN   STD_LOGIC;
L13             q      :  OUT STD_LOGIC);
L14     END COMPONENT;
L15     COMPONENT ctl
L16         PORT(data    : IN STD_LOGIC;
L17             f1,f2    : IN STD_LOGIC;
L18             f        : OUT STD_LOGIC;
L19             address  : OUT STD_LOGIC_VECTOR(4 DOWNTO 0));
L20     END COMPONENT;
L21     COMPONENT pulse
L22         PORT(clk_40m      : IN   STD_LOGIC;
L23             f1,f2         : OUT STD_LOGIC;
L24             clkcode       : OUT STD_LOGIC);
L25     END COMPONENT;
L26     COMPONENT rom0
```

L27　　　PORT(address　　　: IN　STD_LOGIC_VECTOR(4 DOWNTO 0);

L28　　　　　　clock　　　: IN　STD_LOGIC;

L29　　　　　　q　　　　　: OUT STD_LOGIC_VECTOR(7 DOWNTO 0));

L30　END COMPONENT;

L31　SIGNAL a,b,c,d,e :STD_LOGIC;

L32　SIGNAL addr　　　　:STD_LOGIC_VECTOR(4 DOWNTO 0);

L33 BEGIN

L34　u1 : pulse　　PORT MAP(clk_40m=>clk_40m,f1=>a,f2=>b,clkcode=>c);

L35　u2 : mcode　PORT MAP(clk=>c,q=>d);

L36　u3 : ctl　　PORT MAP(data=>d,f1=>a,f2=>b,f=>e,address=>addr);

L37　u4 : rom0　PORT MAP(address=>addr,clock=>e,q=>sindata);

L38 End bhv;

L39　----------------------------------------------------------------------------------------------------------------

### 5. 实验步骤及结果

(1) 波形仿真。先对各模块进行波形仿真以确认功能的正确性。图 4-9 所示为 m 序列发生器模块的波形仿真结果，在图中包含了 2 个 m 序列周期。每个周期均需要 32 个时钟周期。图 4-10 是图 4-9 的放大，从图中可以看到移存器的状态从十六进制的 10(即二进制 10000)，经过 32 次移位后再次回到 10。

(2) 使用嵌入式逻辑分析仪观察结果。新建 fsk.stp 文件，进行相关参数设置，具体步骤和参数含义等可参见实验 10。本例中选取采样时钟 clk_40m，采样深度 16 K，存储资格连续，触发级别 1，观察信号 sindata、a、q。结果见图 4-11 和图 4-12。

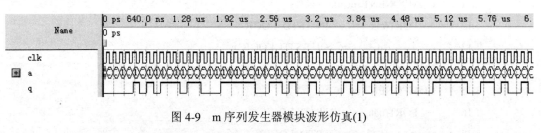

图 4-9　m 序列发生器模块波形仿真(1)

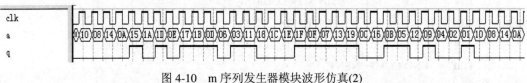

图 4-10　m 序列发生器模块波形仿真(2)

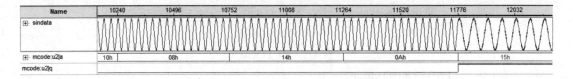

图 4-11　嵌入式逻辑分析仪观察结果(1)

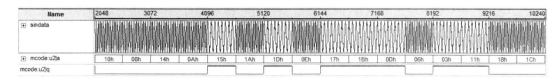

图 4-12　嵌入式逻辑分析仪观察结果(2)

### 6. 实验引申

(1) 示例程序采用的是改变载波频率的方法，尝试不改变载波的频率，用 DDS 的原理去实现 2FSK 调制。

(2) 设计 2ASK、2PSK 调制模块。

# 实验 14　循环冗余校验模块设计

### 1. 实验目的

(1) 了解数字传输中常用的校验、纠错模块——循环冗余模块的基本原理。

(2) 学会使用 FPGA 器件完成数据传输中的差错控制。

### 2. 背景知识

CRC(Cyclic Redundancy Check，循环冗余校验)码是一类重要的线性分组码，是数据通信领域中最常用的一种差错校验码，如 USB 协议、IEEE 802.3 标准、IEEE 802.11 标准、RFID 协议等都采用了 CRC 码作为正确性校验的方法。

CRC 码由两部分组成：K 位有效信息位和 R 位 CRC 校验码。在 K 位信息码后再拼接 R 位的校验码，整个编码长度为 N 位，因此这种编码又叫(N，K)码。对于一个给定的(N，K)码，可以证明存在一个最高次幂为 N–K=R 的多项式 G(x)。根据 G(x)，可以针对信息码生成 R 位的校验码，G(x)叫做这个 CRC 码的生成多项式。R 位的 CRC 校验码是通过 K 位的有效信息码被生成多项式 G(X)相除后得到的 R 位余数。在发送端，K 位的有效信息拼接上 R 位的 CRC 校验码后一起被发送；在接收端，用同样的生成多项式除以 CRC 码，如果能除尽则表示数据传输无误，可丢弃 R 位的 CRC 校验码，接收有效信息；反之，则表示传输出错。

以下用一个例子来说明 CRC 码的生成步骤。假设使用的生成多项式 $G(X) = X^3 + X + 1$，4 位的有效信息是 1101，求编码后实际传送的信息。

步骤 1：将生成多项式转化为对应的二进制数。多项式和二进制数有直接对应关系：X 的最高幂次对应二进制数的最高位，以下各位对应多项式的各幂次，有此幂次项对应 1，无此幂次项对应 0。该生成多项式可改写为

$$G(X) = 1 \cdot X^3 + 0 \cdot X^2 + 1 \cdot X^1 + 1 \cdot X^0$$

则对应的二进制数是 1011(即多项式的系数)。可以看出：X 的最高次幂是 R，转化对应的二进制数有 R + 1 位(本例中 R = 3)。

步骤 2：将有效信息向左移动 R 位，以便拼接 R 位校验码。本例向左移动 3 位即变化为 1101000。

步骤 3：用生成多项式 G(X)对应的二进制数对左移后的有效信息进行除操作，取余数。此处采用模 2 除法，即除数和被除数做异或运算，具体计算过程见图 4-13，得到 3 位余数 001，即 CRC 校验码。

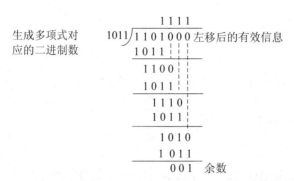

图 4-13　计算校验码的过程

步骤 4：将余数拼接到信息码后，得到完整的 CRC 码。该例的 CRC 码即为 1101001。也就是说，经过 CRC 编码后实际传送的数据是 1101001，其中 1101 是信息码，001 是校验码。

步骤 5：接收方使用相同的生成多项式对接收到的数据进行二进制除法，如果除尽，表示数据正确。

生成多项式 G(X)是发送方和接收方的一个约定。在整个传输过程中，应当保持不变，并满足以下一些条件：

★ 最高位和最低位必须是 1。

★ 当被传送的信息码的任何一位发生错误时，被生成多项式模 2 除后余数不为 0。

★ 不同位发生错误时，余数不同。

★ 对余数继续做除，余数循环。

要满足以上要求的数学关系是比较复杂的，可以从有关资料查到常用的标准。

### 3. 实验内容

假设生成多项式 $G(X) = X^5 + X^4 + X^2 + 1$，即校验码为 5 位，有效信息为 12 位。生成模块完成校验码的生成，并将其拼接在有效信息后发送；接收模块对接收到的数据进行译码，判断传输是否正确。

设置按键 k0、k1、k2，输入 12 位的有效信息；按键 k0 对应低 4 位，按下按键一次，即做一次加 1 操作，依次类推；同时在 3 位数码管上显示输入数据。

设置按键 en，做使能控制，按下此按键表示开始 CRC 校验。

设置按键 changeadd(按下做加 1 操作)、changerdu(按下做减 1 操作)，手动改变 CRC 码，模拟传输过程中出错的情况。在 5 位数码管上显示 CRC 码。

设置传输指示灯 correct 和 error，分别指示接收数据正确和错误。

### 4. 实验方案

整个系统可分为按键消抖模块、数据输入模块、CRC 码生成模块、CRC 码接收模块、改变 CRC 码模块、显示模块几个部分，见图 4-14。

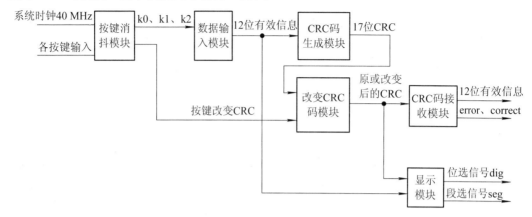

图 4-14　CRC 模块系统结构

按键消抖模块去除按键抖动，为后续电路通过按键进行加减操作做准备，具体可参见实验 9 中的实验内容(2)。

数据输入模块通过消抖后的 3 位数据输入按键 k0、k1、k2，输入 12 位的有效数据 datain[11..0]。每一位按键对应 4 位有效数据，k0 对应 datain[3..0]，k1 对应 datain[7..4]，k2 对应 datain[11..8]。每按键一次，相应 4 位二进制数据做一次加 1 操作。

CRC 码生成模块完成 CRC 码的生成，并将校验码拼接在有效数据后一起发送。根据生成多项式可知 R=5，即校验码是 5 位，有效数据为 12 位，最后发送 17 位的 CRC 码。生成多项式对应的二进制数是 110101。

改变 CRC 码模块可以通过按键 changeadd 或者 changerdu 来增加或者减小从 CRC 码生成模块输出的 CRC 码的值，以模拟在传输过程中出错的情况。

CRC 码接收模块用同样的生成多项式对接收到的 17 位 CRC 码进行除操作；如果能除尽，表示传输正确，输出信号 correct 为高电平；反之，则表示传输错误，输出信号 error 为高电平。

显示模块在 8 位数码管上显示输入有效数据(3 位数码管)和 CRC 校验码(5 位数码管)。数码管扫描显示程序参见实验 5。

以下重点介绍 CRC 生成模块和 CRC 接收模块。

(1) CRC 码生成模块。该模块可以采用状态机的设计方法实现。定义 idle(空闲等待状态)、load(数据加载状态)、cal(计算 CRC 状态)等各状态，状态转移图如图 4-15 所示。

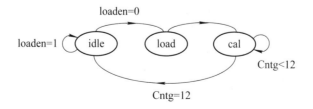

图 4-15　CRC 生成模块状态转移图

空闲等待状态 idle：在该状态下等待使能信号 loaden 的到来，当 loaden = '0' 时，表示使能按键 en 按下，转移到 load 状态，进行有效数据的加载。反之，则一直等待在空闲状态，相关寄存器进行清零复位。

数据加载状态 load：将 12 位有效信息锁存到寄存器 t1、t2。其中，t1 用于对有效数据的计算，t2 用于暂存原始有效数据，以便将有效数据和 CRC 校验码进行拼接。

计算 CRC 状态 cal：采用和手工计算相同的方法，将有效数据的相应位与生成多项式对应的二进制数做异或运算，每做完一次需要获得新的中间变量 t1。当计数值 cntg=12 时，运算完成，拼接 CRC 码，状态转移到 idle，等待下次加载。

【例 4-5】CRC 码生成模块。

```
L1   --------------------------------------------------------------------------------
L2   LIBRARY ieee;
L3   USE ieee.std_logic_1164.all;
L4   USE ieee.std_logic_unsigned.all;
L5   --------------------------------------------------------------------------------
L6   ENTITY crcg IS
L7       PORT(clk      : IN   STD_LOGIC;
L8            loaden   : IN   STD_LOGIC ;          --加载使能信号
L9            datain   : IN   STD_LOGIC_VECTOR (11 DOWNTO 0);   --输入有效数据
L10           dataout  : OUT STD_LOGIC_VECTOR (16 DOWNTO 0);  --输出 CRC 码
L11           hsend    : OUT STD_LOGIC );         --计算完成，输出 CRC 有效信号
L12  END crcg;
L13  --------------------------------------------------------------------------------
L14  ARCHITECTURE hev OF crcg IS
L15      CONSTANT  a   : STD_LOGIC_VECTOR(5 DOWNTO 0) :="110101";
L16                                              --生成多项式对应的二进制数
L17      TYPE state IS (idle, load,cal);
L18      SIGNAL s       : state;
L19      SIGNAL t1, t2  : STD_LOGIC_VECTOR(11 DOWNTO 0);
L20      SIGNAL cntg    : STD_LOGIC_VECTOR(3 DOWNTO 0);      --计数寄存器
L21  BEGIN
L22      PROCESS(clk)
L23        VARIABLE crctemp    : STD_LOGIC_VECTOR(5 DOWNTO 0);
L24        VARIABLE datatemp   : STD_LOGIC_VECTOR(11 DOWNTO 0);
L25      BEGIN
L26        IF clk'EVENT AND clk='1' THEN
L27          CASE s IS
L28            WHEN idle =>t1<=(OTHERS=>'0');t2<=(OTHERS=>'0');
```

| | |
|---|---|
| L29 | crctemp:="000000";cntg<="0000";hsend<='0'; |
| L30 | IF loaden='0'　THEN　s<=load; |
| L31 | ELSE s<=idle;　　　--使能按键按下，状态转移到数据加载 |
| L32 | END IF; |
| L33 | WHEN load =>t1<=datain;t2<=datain;s<=cal; |
| L34 | WHEN cal　=>IF cntg<12 THEN cntg<=cntg+1; |
| L35 | IF t1(11)='1' THEN　　—判断 t1 的最高位是否为 1 |
| L36 | crctemp:=t1(11 downto 6) XOR a; |
| L37 | t1<=crctemp(4 downto 0)&t1(5 downto 0)&'0'; |
| L38 | ELSE t1<=t1(10 downto 0)&'0'; |
| L39 | END IF; |
| L40 | ELSE dataout<=t2&t1(11 downto 7);hsend<='1'; s<=idle; |
| L41 | END IF; |
| L42 | END CASE; |
| L43 | END IF; |
| L44 | END PROCESS; |
| L45 | END hev; |
| L46 | ------------------------------------------------- |

L40 表示计算完成后，将 CRC 校验码拼接在有效信息后，输出有效信号 hsend 置高电平，状态跳转回 idle，等待下次校验。

(2) CRC 码接收模块。CRC 码接收模块也可分为 idle、load、cal 这三个状态，基本与 CRC 码生成模块一致，不同之处在于被除数由 12 位的有效信息变为 17 位的 CRC 码，最后判断余数是否为 0。

【例 4-6】CRC 码接收模块。

```
L1   -------------------------------------------------
L2   LIBRARY ieee;
L3   USE ieee.std_logic_1164.all;
L4   USE ieee.std_logic_unsigned.all;
L5   -------------------------------------------------
L6   ENTITY crcr IS
L7   PORT(clk      :  IN   STD_LOGIC;
L8       hrecv    :  IN   STD_LOGIC;      --接收使能信号
L9       datarecv :  IN   STD_LOGIC_VECTOR(16 DOWNTO 0);  -- 收到的 CRC 码
L10      dataout  :  OUT STD_LOGIC_VECTOR(11 DOWNTO 0);  --原始有效信息
L11      error    :  OUT STD_LOGIC;      --传输错误指示
L12      correct  :  OUT STD_LOGIC );  --传输正确指示
L13  END crcr;
```

```
L14  -------------------------------------------------------------------------------------------
L15  ARCHITECTURE bhv OF crcr IS
L16      CONSTANT   a          : STD_LOGIC_VECTOR(5 DOWNTO 0) :="110101";
L17      TYPE state IS (idle, load,cal);
L18      SIGNAL s               : state;
L19      SIGNAL t1 , t2         : STD_LOGIC_VECTOR(16 DOWNTO 0);
L20      SIGNAL cntg            : STD_LOGIC_VECTOR(3 DOWNTO 0);
L21  BEGIN
L22    PROCESS(clk)
L23        VARIABLE crctemp : STD_LOGIC_VECTOR(5 DOWNTO 0);
L24      BEGIN
L25        IF clk'EVENT AND clk='1' THEN
L26            CASE s IS
L27            WHEN idle =>t1<=(OTHERS=>'0');t2<=(OTHERS=>'0');
L28                        crctemp:="000000";cntg<="0000";
L29                        IF hrecv='1' THEN s<=load;
L30                        ELSE s<=idle;
L31                        END IF;
L32            WHEN load =>t1<=datarecv;t2<=datarecv;s<=cal;
L33            WHEN cal   =>IF cntg<12 THEN cntg<=cntg+1;
L34                            IF t1(16)='1' then crctemp:=t1(16 DOWNTO 11) XOR a;
L35                              t1<=crctemp(4 DOWNTO 0)&t1(10 DOWNTO 0)&'0';
L36                            ELSE t1<=t1(15 DOWNTO 0)&'0';
L37                            END IF;
L38                         ELSIF t1(16 DOWNTO 12)="00000" then
L39                                                        --判断余数是否为 0
L40                              error<='0';dataout<=t2(16 downto 5);
L41                              correct<='1';s<=idle;
L42                         ELSE   error<='1';dataout<=t2(16 downto 5);
L43                              correct<='0';s<=idle;
L44                         END IF;
L45            END CASE;
L46        END IF;
L47    END PROCESS;
L48  END bhv;
L49  -------------------------------------------------------------------------------------------
```

顶层原理图见图 4-16。

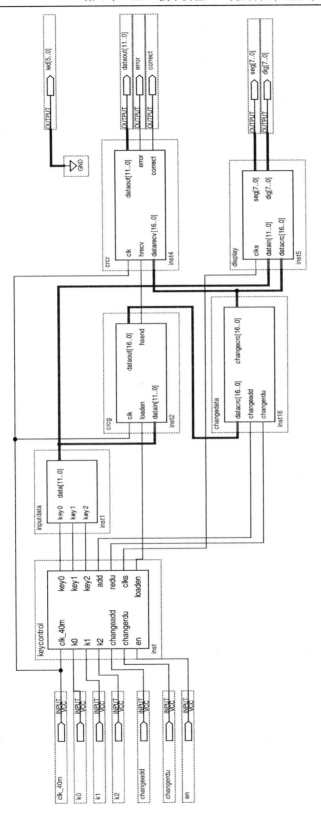

图4-16　CRC校验顶层原理图

### 5. 实验步骤及结果

(1) 波形仿真。在完成硬件验证前，先对 CRC 码生成模块和 CRC 码接收模块做波形仿真，以确认功能的正确性。图 4-17 和图 4-18 是 CRC 码生成模块的仿真波形。从图 4-17 可以看到，当信号 loaden 为低电平时，表示使能按键按下，可以开始数据加载，状态跳转到 load 态。在下一次时钟上升沿到来时，将 12 位有效数据赋值给寄存器 t1 和 t2。此后每一次时钟上升沿到来时，进行一次计算，更改一次寄存器 t1 的值。在这个过程中寄存器 t2 的值不变，保存原有有效数据。等待 12 个时钟周期后计算完成，在第 13 个时钟上升沿时，输出 CRC 码，置 hsend 为高电平。随后在下一个时钟上升沿时，状态跳转回 idle，寄存器清零。

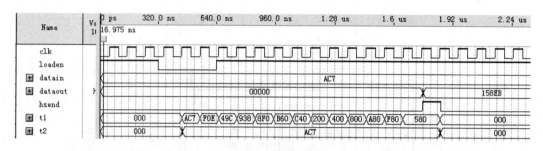

图 4-17　CRC 码生成模块仿真波形(1)

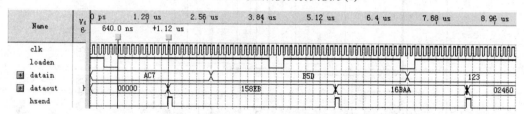

图 4-18　CRC 码生成模块仿真波形(2)

读者可以手工计算当有效信息是 AC7(对应二进制数 1010 1100 0111)时，除以生成多项式对应的二进制数 110101 后，其余数是 01011，将余数拼接在 12 位有效数据后构成的 17 位 CRC 码是 1 0101 1000 1110 1011，即十六进制数 158EB(高位不足用 0 补齐)。

图 4-19 所示是 CRC 码接收模块的仿真波形。从图中可以看到，当接收到的 CRC 码是 158EB 时，传输正确，有效信息是 AC7，信号 correct 为高电平，信号 error 为低电平；当接收到的 CRC 码是 168EB 时，有效信息是 B47，信号 error 为高电平，信号 correct 为低电平，表示传输错误。

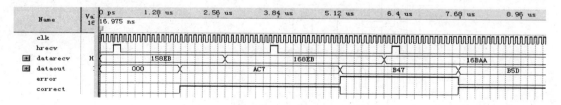

图 4-19　CRC 码接收模块仿真波形

(2) 硬件验证。在仿真正确的基础上，锁定引脚，进行硬件验证。具体引脚锁定见表 4-3。由于数码管位数限制，信号 dataout[11..0]没有锁定引脚。

表 4-3　引脚对应表

| 输入端口 | | | 输出端口 | | |
| --- | --- | --- | --- | --- | --- |
| 端口名 | 引脚名 | 引脚号 | 端口名 | 引脚名 | 引脚号 |
| clk_40m | CLK0 | 22 | seg[7..0] | SEG7～SEG0 | 79/77/76/75/74/73/72/71 |
| k0 | SW2 | 98 | dig[7..0] | DIG7～DIG0 | 1/2/3/4/85/84/83/80 |
| k1 | SW1 | 87 | led[5..0] | LED7～LED2 | 70/69/68/67/66/65 |
| k2 | SW0 | 86 | error | LED1 | 64 |
| changeadd | SW7 | 104 | correct | LED0 | 60 |
| changerdu | SW6 | 103 | | | |
| en | SW3 | 99 | | | |

图 4-20 和图 4-21 是硬件验证的结果。从图 4-20 可以看到，当输入有效数据是 b5d 和 AC7 时，CRC 码分别是 16bAA 和 158Eb，指示传输正确的发光二极管 D0 被点亮，和仿真结果完全一致。当人为改变 CRC 码的值，模拟传输过程中出错的情况时，指示传输错误的发光二极管 D1 被点亮，如图 4-21 所示。

图 4-20　数据传输正确时的结果

图 4-21　模拟传输出错的情况

### 6. 实验引申

(1) 示例中需要 12 个时钟周期才能完成一次 CRC 校验，试重新设计，使得在一个时钟周期内完成。

(2) 如果输入有效数据和输出 CRC 码都是串行的，又如何完成设计？

提示：采用串行反馈移位寄存器(LFSR)。

# 第 5 章　Quartus Ⅱ 10.0 以上版本及

# ModelSim 使用介绍

本章主要介绍 Quartus Ⅱ 10.0 以上版本与 9.1 版本的区别。由于 10.0 以上版本不再自带波形仿真工具，因此本章通过实例讲解如何利用 Quartus Ⅱ 最新版本 11.1 直接调用著名仿真软件 ModelSim 进行仿真；同时还简单介绍了仿真测试平台 Testbench。

## 5.1　新增功能与区别

2010 年 7 月 7 日，Altera 公司宣布推出可编程逻辑业界的顶级软件 Quartus Ⅱ 开发软件 10.0 版。该版本支持 Stratix V GX 和 Stratix V GS 系列 FPGA。Stratix V GX FPGA 主要针对那些拥有背板和光模块支持的集成 12.5 Gb/s 收发器的高性能、高带宽应用；Stratix V GS FPGA 主要针对具有业界首个可变精度 DSP 模块的高性能数字信号处理 (DSP) 应用。此外，10.0 版本还包含以下特性：

★ 提供一款新型收发器工具套件，有助 PCB 设计人员在应用设计开发前或在开发过程中有效地验证收发器信号的完整性。通过即时微调收发器参数并查看误码率 (BER)，软件的收发器工具套件能够让用户最大化信号时序裕量和眼图张开度。

★ 增强的快速再编译。当进行小的设计修改时，使用快速再编译，相比完全编译可平均缩短 50%的编译时间，并拥有更佳的一致结果时序保留。

★ 新的 IP 和扩展型 IP 套件。拥有新的 10Gb 以太网 MAC、10G 基础 R 和 XAUI PHY MegaCores 模块，支持 ALTMEMPHY 和 UniPHY 的 DDR2 和 DDR3 SDRAM 控制器 MegaCores 模块。

★ 扩展型 QXP 文件支持。通过创建现有综合后网表支持以外的新型适配后 (post-fit) 网表支持的自定义组件库，让广大设计团队能够促进设计重复使用。

★ 扩展型 OS 支持。首套面向 Linux 的 Quartus Ⅱ 网络版软件。

★ 提供 Qsys 系统集成工具，即下一代 SOPC Builder，且功能更强。

在随后一年多时间内，Altera 公司又相继推出 10.1、11.0、11.1 版本。

2011 年 11 月推出的 Quartus Ⅱ 11.1 版本，是目前的最新版本。该版本支持最新的 28 nm 器件——Arria V 和 Cyclone V，还增强了对 Stratix V 器件的支持。Arria V 是低功耗 FPGA，其性能非常适合传输速度在 6 Gb/s～10 Gb/s 范围内的收发器的应用需求。Cyclone V FPGA

是业界功耗最低、成本最低的 28 nm FPGA。此外，11.1 版本还提供以下功能：

★ 系统控制台，是硬件调试和监视的工具。

★ 分段式锁相环，支持动态相移和重新配置计数器参数。

★ 收发器工具包，支持 Stratix V FPGA 收发器的片内 EyeQ 信号质量监视功能，使用户能够分析后均衡收发器眼图，获得最佳信号质量，降低 BER。

★ 增强 Qsys 功能，增加了对第三方仿真工具的扩展支持，还包括对 ARM AMBA AXI 协议的初步支持。

这几个版本在仿真、硬件库等方面的具体差异见表 5-1。

表 5-1　9.1 以上各版本的具体差异

| Quartus Ⅱ版本 | 9.1 | 10.0 | 10.1 | 11.0 | 11.1 |
|---|---|---|---|---|---|
| 仿真组件 | 自带 | 不再包含，仿真时需要安装 ModelSim | | | |
| 硬件库 | 自带 | 额外下载硬件库，选择安装 | | | |
| Nios Ⅱ组件 | 额外下载 | | | 自带 | |
| Qsys 系统集成工具 | 无，自带 SOPC 组件 | 共有 Qsys 和 SOPC | | 仅有 Qsys | |
| 时序分析工具 | TimeQuest Timing Analyzer、Classic Timing Analyzer | | Classic Timing Analyzer | | |

# 5.2　使用 ModelSim 进行仿真

由于从 Quartus Ⅱ 10.0 版本开始不再自带图形仿真工具，需要使用第三方的仿真工具才能进行设计的仿真，因此本节重点介绍目前最流行的仿真工具 ModelSim。另一方面，虽然 Quartus Ⅱ 9.1 之前版本(包括 9.1 版本)支持波形仿真，但要求设计者自行输入时钟信号、输入数据等的波形。比如要仿真 1 KB 的串行数据输入量，需要手工输入 8000 个周期的信号波形，不仅费时费力而且容易出错。

Mentor Graphic 公司的 ModelSim 是业界最优秀的 HDL 仿真软件，它能提供友好的仿真环境，是业界唯一的单内核支持 VHDL 和 Verilog 混合仿真的仿真器，是 FPGA/ASIC 设计的首选仿真软件，其功能比 Quartus Ⅱ 自带的仿真器要强大很多。

ModelSim 可分为几种不同版本：SE、PE、LE 和 OEM。其中 SE 是最高级的版本，而集成在 Altera、Xilinx 以及 Lattice 等 FPGA 厂商设计工具中的均是其 OEM 版本，其中集成在 Altera 设计工具中的是 ModelSim/AE(Altera Edition)版本，集成在 Xilinx 设计工具中的是 ModelSim/XE(Xilinx Edition)版本。SE 版和 OEM 版在功能和性能方面有较大差别，例如在 SE 版本中仿真速度大大高于 OEM 版，并且支持 PC、UNIX、Liunx 混合平台。

ModelSim 仿真软件的主要特点：

★ 能够跨平台、跨版本仿真。

★ 全面支持系统级描述语言，如 SystemC、SystemVerilog。

★ 支持 VHDL 和 Verilog 的混合仿真。

★ 集成了性能分析、波形比较、代码覆盖、虚拟对象(Virtual Object)、Memory 窗口和源码窗口显示信号值、信号条件断点等众多调试功能。

本节是 ModelSim 的初级教程,使用的版本是与 Quartus II 最新版本 11.1 配套的 OEM 版本 ModelSim 10.0C。该版本支持所有的 Altera 器件,提供行为级和门级仿真。本节的目的是使读者读完本节可以简单地使用 ModelSim 进行仿真。至于更深入的教程,请读者参阅 ModelSim 帮助文档。

## 5.2.1 ModeliSim 用户界面介绍

ModelSim 的图形用户界面(Graphic User Interface,GUI)提供多个窗口用于设计、调试和分析,示例 GUI 见图 5-1。下面就常用的几个窗口进行介绍。

图 5-1 常用 ModelSim 用户界面

### 1. Main 窗口

Main 窗口是 ModelSim 图形用户界面的主窗口,包含菜单栏、工具栏、窗口、标签组等。

(1) 菜单栏(Menu Bar):提供各任务选择的入口。在不同的窗口下有不同的选择,如图 5-2 线框中所示。

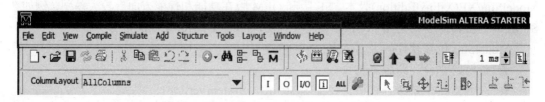

图 5-2 菜单栏

(2) 工具栏(Toolbar):提供任务的快捷方式,如图 5-3 线框中所示。

图 5-3　工具栏

(3) 窗口(Windows)：ModelSim 允许同时显示 40 个不同的窗口，支持窗口的多个副本。波形窗口示例见图 5-4。要打开不同的窗口，可以通过菜单栏中 View 的下拉菜单进行选择，也可在 Transcript 窗口中输入命令。例如：在提示符 ModelSim>后输入 view wave，如图 5-5 所示，可打开波形窗口。

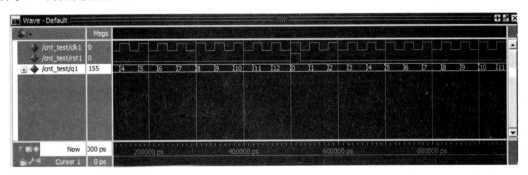

图 5-4　波形窗口

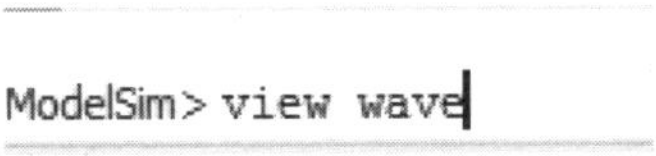

ModelSim> view wave

图 5-5　在 Transcript 中输入命令

(4) 标签组(Tap Group)：可以将多个窗口组合在一个区域内形成标签组，如图 5-6 线框中所示。

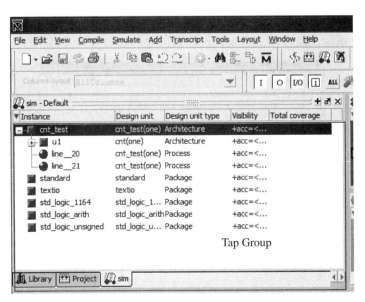

图 5-6　标签组

(5) 主窗口状态栏(Main Window Status Bar)：在主窗口的最底部提供当前仿真的信息，如图 5-7 所示。其中 Project 显示当前工程，Now 显示目前仿真时间，Delta 显示目前仿真次数。

| Project : cnt | Now: 1 ms　Delta: 1 | sim:/cnt_test |

图 5-7　主窗口状态栏

### 2. Library 窗口

Library 窗口显示所有库和设计单元，一般与 Project 窗口、Files 窗口、Structure 窗口放在同一个标签组内，如图 5-8 所示。当前设计工程一般存放于 work 库。有两种方式可以打开该窗口：第一，View→Library；第二，在 Transcript 窗口中输入命令 view library。

| Name | Type | Path |
|---|---|---|
| ⊟ work | Library | F:/fsm_state/work |
| 　⊟ d2moore | Entity | F:/fsm_state/fsm_state.vhd |
| 　　one | Architecture | |
| ⊞ 220model | Library | $MODEL_TECH/../altera/vhdl/220model |
| ⊞ 220model_ver | Library | $MODEL_TECH/../altera/verilog/220model |
| ⊞ altera | Library | $MODEL_TECH/../altera/vhdl/altera |
| ⊞ altera_lnsim | Library | $MODEL_TECH/../altera/vhdl/altera_lnsim |
| ⊞ altera_lnsim_ver | Library | $MODEL_TECH/../altera/verilog/altera_lnsim |
| ⊞ altera_mf | Library | $MODEL_TECH/../altera/vhdl/altera_mf |
| ⊞ altera_mf_ver | Library | $MODEL_TECH/../altera/verilog/altera_mf |
| ⊞ altera_ver | Library | $MODEL_TECH/../altera/verilog/altera |

Library　Project

图 5-8　Library 窗口

### 3. Source 窗口

源窗口一般用于输入设计文件，文件类型包括 VHDL、Verilog、SystemVerilog、SystemC、Do 等，如图 5-9 所示；还可用于对设计进行调试分析，如增加或删除断点。

```
F:/div/div.vhd - Default
Ln#
1    library ieee;
2    use ieee.std_logic_1164.all;
3    entity div is
4      port(clk : in std_logic;
5           q:   out std_logic);
6    end;
7    architecture one of div is
8      signal cq : std_logic :='0';
9    begin
10     process(clk)
11     begin
12       if clk'event and clk='1' then
13       cq<= not cq;
14       end if;
15     end process;
16     q<=cq;
17   end;
```

图 5-9　Source 窗口

#### 4. Structure 窗口

该窗口用于查看当前仿真的层次结构，需要执行仿真开始命令才能观察，如图 5-10 所示。

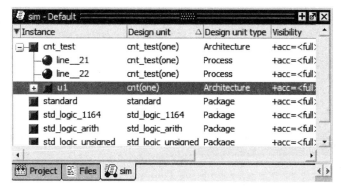

图 5-10　Structure 窗口

#### 5. Transcript 窗口

可以通过在该窗口输入命令来完成某项操作，此外还能够显示历史运行的命令、编译或仿真的相关报告等。通过 View→Transcript 可以打开或关闭该窗口，如图 5-11 所示。

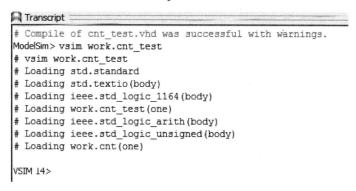

图 5-11　Transcript 窗口

#### 6. Call Stack 窗口

当单步执行仿真或加入断点(breakpoint)时可利用 Call Stack 窗口显示当前命令。选择菜单栏 View→Call Stack，或者输入命令 view call stack 可打开该窗口，如图 5-12 所示。

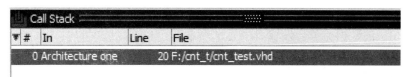

图 5-12　Call Stack 窗口

#### 7. Files 窗口

该窗口用于显示目前所加载仿真的源文件和位置，选中其中一个文件后，点击鼠标右键，可在弹出的下拉菜单中选择 View Source 打开源文件，见图 5-13。该窗口同样可以通过在下拉菜单 View 中选择 Files 或者在 Transcript 窗口中输入命令 view files 来打开。

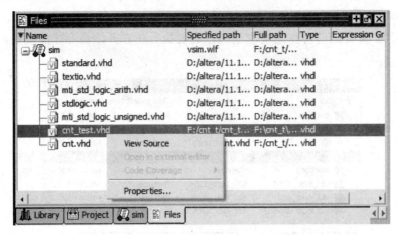

图 5-13　Files 窗口

注意：　　只有在加载了仿真的情况下 Files 窗口才有文件！

### 8. Objects 窗口

该窗口显示当前仿真文件中的数据对象的名称、取值等。数据对象包括信号、寄存器、常数(定义在进程外)、类属参量、网表等，如图 5-14 所示。除在菜单 View 中选择该窗口外，在 Transcript 窗口中输入命令 view objects 或者 view signals 都可以打开该窗口。

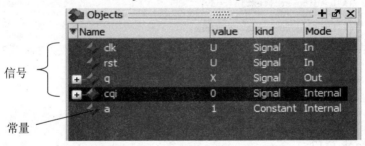

图 5-14　Objects 窗口

### 9. Locals 窗口

该窗口显示局部范围的数据对象，如变量、常数等，如图 5-15 所示。当相关语句将要被执行时，相应的数据对象会在窗口中显示出来，它们随着仿真的调试数据会得到更新。除在菜单 View 中选择该窗口外，在 Transcript 窗口中输入命令 view Locals 或者 view variables 都可以打开该窗口。

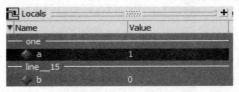

图 5-15　Locals 窗口

## 10. Processes 窗口

该窗口显示当前仿真中的进程，如图 5-16 所示。该窗口同样有菜单和命令两种打开方式。

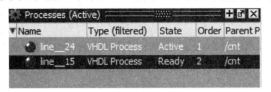

图 5-16　Processes 窗口

**注意**：就 VHDL 而言，一条并行语句相当于一个进程。

## 11. Wave 窗口

该窗口用于观察仿真结果，如图 5-17 所示。

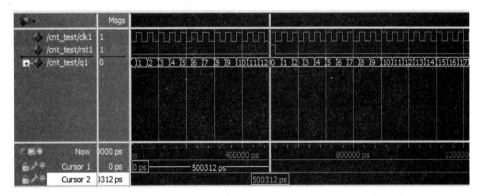

图 5-17　Wave 窗口

## 12. Dataflow 窗口

该窗口用于探索设计中的物理关系，既可通过 View 菜单打开，也可通过输入命令 view dataflow 打开。由于本书采用 ModelSim 版本，该窗口只能显示一个进程(包含与它相关的所有信号)或者一个信号(包含与它相关的所有进程)，其功能大大低于完整数据流窗口的功能。示例见图 5-18。

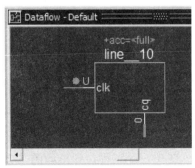

图 5-18　Dataflow 窗口

### 13. List 窗口

该窗口用文本的形式显示波形数据，即用文本显示仿真结果，如图 5-19 所示。

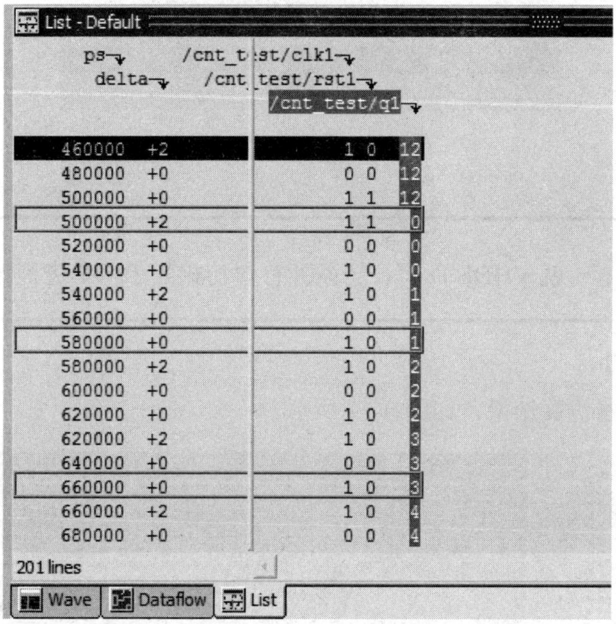

图 5-19　List 窗口

## 5.2.2　一个设计实例

本节以设计一个异步清零计数器为例详细介绍 ModelSim 的具体使用方法和设计流程。选用的版本是与 Quartus Ⅱ 11.1 配套的 ModelSim 10.0C OEM 版本，其设计流程、使用方法与 SE 版本大致相同，但功能较弱。

### 1. 建立一个新的工程

运行 ModelSim 软件，打开 ModelSim Main 窗口。如果上一次使用 ModelSim 建立过工程，会自动打开上一次所建立的工程。选择菜单 File→Close，出现如图 5-20 所示窗口，选择"是"表示关闭当前已打开的工程。

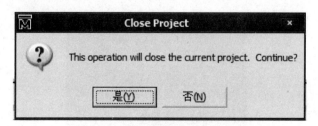

图 5-20　关闭当前工程

选择 File→New→Project，新建一个工程，弹出如图 5-21 所示窗口，输入工程名、工程路径、设计编译库等内容。在本例中，输入工程名为 cnt，工程路径是 E：/cnt，Default Library

Name 中选择默认值 Work。输入完毕后，点击"OK"按钮。如果在 E 盘下并不存在 cnt 文件夹，则系统会自动弹出如图 5-22 所示窗口，选择"是"新建文件夹和工程路径。

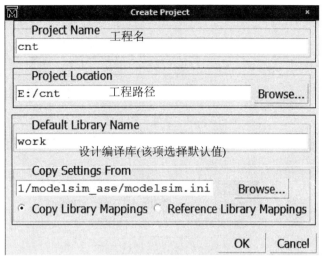

图 5-21　新建工程

图 5-22　新建工程路径

## 2. 建立一个新的文件

新建工程后，会弹出如图 5-23 所示的 Add items to the Project 窗口，可以点击不同的图标来为工程添加不同的项目。Create New File 可以为工程添加新建的文件；Add Existing File 为工程添加已存在的文件，如已有的设计文件，可以直接添加；Create Simulation 为工程添加仿真；Create New Folder 为工程添加新的目录。本例选择 Create New File，弹出如图 5-24 所示窗口，输入文件名 cnt；选择语言类型 VHDL；Folder 是新建文件所在的路径，Top Level 即表示刚才设置的工程路径。点击"OK"按钮后，Add items to the Project 窗口仍然存在，需要手动点击 Close 将其关闭。

图 5-23　新建或添加文件到工程

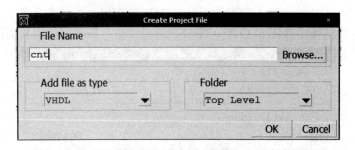

图 5-24　新建工程文件

观察位于左边标签组中的 Project 窗口，如图 5-25 所示，窗口中将显示出新建的文件 cnt.vhd。其状态显示"？"，表示未编译。

| ☰ Project - D:/cnt/cnt | | | |
|---|---|---|---|
| ▾Name | Status | Type | Order |
| 📄 cnt.vhd | ? | VHDL | 0 |

图 5-25　Project 窗口显示

## 3. 输入设计

双击 Project 窗口中的 cnt.vhd 文件，即可打开 Source 窗口(源窗口)，在其中输入 VHDL 的设计文件，见图 5-26。点击保存快捷方式保存设计文件。

```
Ln#
1    library ieee;
2    use ieee.std_logic_1164.all;
3    use ieee.std_logic_unsigned.all;
4    entity cnt is
5      port(
6        clk  : in std_logic;
7        rst  : in std_logic;
8        q    : out std_logic_vector(7 downto 0)
9      );
10   end;
11   architecture one of cnt is
12     signal cqi : std_logic_vector(7 downto 0):="00000000";
13     constant a :std_logic:='1';
14     begin
15     process(clk)
16     variable b : integer range 0 to 3;
17     constant c : std_logic:='1';
18     begin
19       if rst='1' then   cqi<="00000000";
20       elsif clk'event and clk ='1' then
21       cqi<=cqi+1;
22       end if;
23     end process;
24     q<=cqi;
25   end;
```

图 5-26　输入设计文件

注意:　　　　本例定义的常数在设计中并无特定用途，只是为了证实 Objects 窗口可以观察到常数。

## 4. 编译设计

在 Project 窗口中选中设计文件使之变为蓝色，单击鼠标右键，弹出下拉菜单，选择

Compile，如图 5-27 所示。Compile Selected 表示仅编译选中的文件，Compile All 表示编译工程中的所有文件，Compile Order 设置编译顺序。本例中，选择 Compile Selected。编译完成后，在 Project 窗口状态栏会显示绿色的钩，表示编译成功，同时在 Transcript 窗口也会出现相应的编译成功信息，如图 5-28 所示。

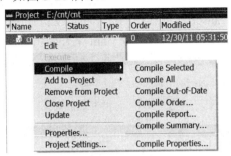

图 5-27　编译设计文件

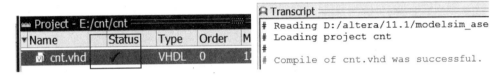

图 5-28　编译成功显示

　　设计者也可以通过命令的形式进行编译，在 Transcript 窗口的提示符 ModelSim 下输入命令，其中命令 vcom 用于 VHDL 的编译，命令 vlog 用于 Verilog 语言的编译。可以在 Transcript 窗口中输入 vcom -help 或者 vlog -help 来查看具体的命令格式，如输入 vcom cnt.vhd 表示编译 cnt 文件。

　　如果编译不成功，则能够在 Transcript 窗口看到红色的错误信息(见图 5-29)。双击红色显示的错误信息，在弹出的窗口中(见图 5-30)可以看到详细的错误原因。双击新窗口中的红色错误原因处，可以在 Source 窗口中对错误进行定位，即以黄色高亮点亮对应行。修改错误后，再次编译。

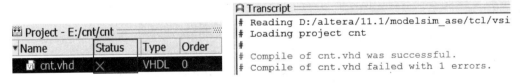

图 5-29　编译出错显示

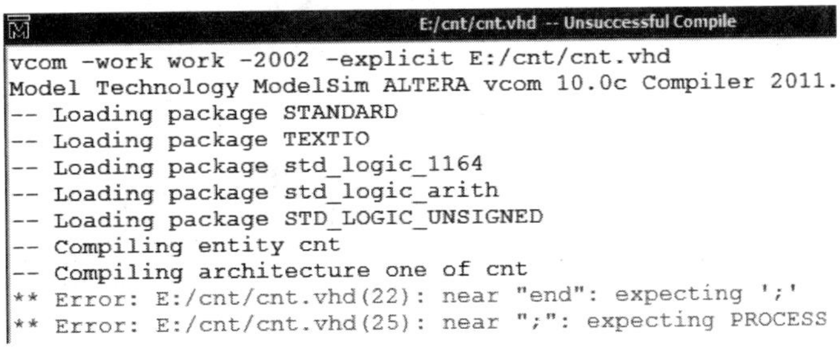

图 5-30　具体错误提示

### 5. 选择仿真对象

选择菜单栏 Simulate→Start Simulation，弹出如图 5-31 所示窗口。在 Design 选项卡中打开 work 库，选中设计 cnt，即要仿真的对象，这时在 Design Unit(s)栏中出现 work.cnt。Resolution 是仿真的时间精度，选择默认值。点击"OK"按钮进入仿真设置，自动打开 Structure(Sim)窗口。观察 Transcript 窗口中的提示符，在仿真前提示符是 ModelSim>，进入仿真后，提示符变为 VSIM>。也可通过命令 vsim 来开始仿真。

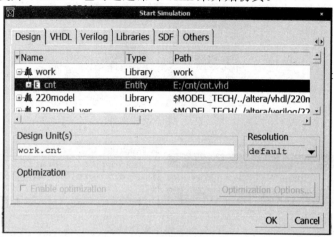

图 5-31　选择仿真对象

### 6. 添加仿真需要观察的信号

选择下拉菜单 View→Wave，打开波形窗口，这时出现的 Wave 窗口为空，需要为其添加仿真时观察的对象。选择 View→Objects，打开 Objects 窗口，可以看到设计中的输入输出端口、信号、常数等，如图 5-32 所示。以鼠标右键单击信号，弹出下拉菜单，选择 Add，可以将需要观察的对象添加到 Wave(波形)窗口、List(列表)窗口、Log 窗口、Dataflow(数据流)窗口。本例中，选择 To Wave，又出现下一级菜单，如图 5-33 所示。选择 Selected Signals 表示添加所选的对象到 Wave 窗口，选择 Signals in Region 表示添加区域内的对象，选择 Signals in Design 表示添加设计中所有的对象。本例中可以添加 clk、rst、q、cqi。

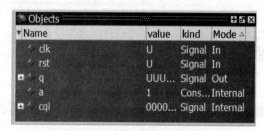

图 5-32　对象窗口

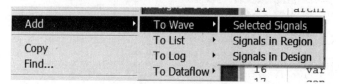

图 5-33　添加需要观察的设计对象

#### 7. 设置仿真激励

(1) 时钟信号的设置：利用命令 force。

例如：在 Transcript 窗口中输入 "force clk 0 0 , 1 10ns –r 20ns"，clk 是需要驱动(设置)的对象名，0 0 表示在零时刻时值为零，1 10ns 表示在 10ns 处值为 1，-r 20ns 表示上述设置从 20ns 处开始重复。通过该条命令设置了一个周期为 20ns 的时钟信号。

(2) 清零信号的设置：利用命令 force。

例如：输入 "force rst 0 0，1 150 ns ，0 200 ns"。

(3) 仿真时间的设置：利用命令 run。

例如：输入 "run 1ms"，表示运行仿真时间为 1 ms。

#### 8. 观察波形结果

选中 Wave 窗口，使其窗口标签栏变为黑色，选中快捷按钮，可以在当前波形窗口中显示所有波形；选择按钮，放大波形；选择按钮，缩小波形；选择按钮，增加游标；选择按钮，删除游标。波形仿真结果见图 5-34。

可以改变窗口中信号的数制。例如：选中信号 q，以右键单击，在弹出的下拉菜单中选择 Radix，可以看到有多种数制。本例中，可以选择 Unsigned。

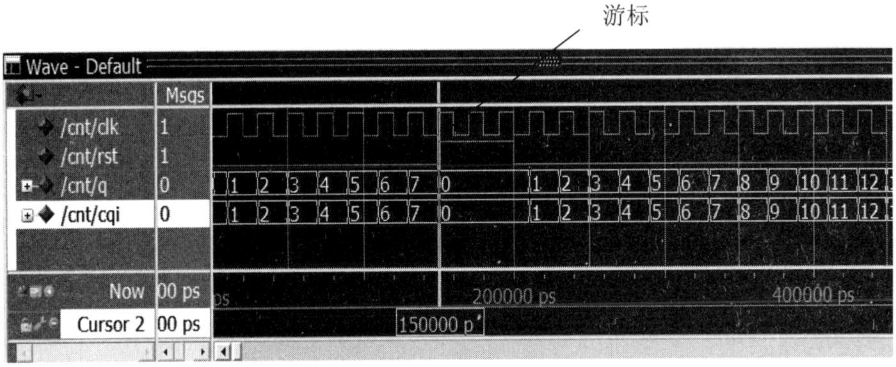

图 5-34　计数器仿真结果

#### 9. 退出仿真

选择菜单栏中的 Simulate→End Simulation，退出仿真。观察 Transcript 窗口提示符，回到 ModelSim>。

### 5.2.3　利用 Testbench 实现仿真

Testbench 是仿真测试平台，即与项目的 VHDL 或者 Verilog 设计文件相对应的激励程序，可提供输入信号的激励。为了对设计项目进行仿真，在完成设计文件后，还必须编写其测试平台文件。仿真工具需要加载原设计文件和测试平台文件，才能进行仿真。

对应 5.2.2 节计数器实例的 TestBench 代码如下。

【例 5-1】Testbench 代码。

```
L1    -------------------------------------------------------------------------
L2    LIBRARY ieee;
```

```
L3      USE ieee.std_logic_1164.all;
L4      ----------------------------------------------------------------------------------------------------
L5      ENTITY cnt_test IS        --测试平台文件的实体，不需要定义任何端口
L6      END;
L7      ----------------------------------------------------------------------------------------------------
L8      ARCHITECTURE bhv OF cnt_test IS
L9          COMPONENT cnt          --被测试元件的声明
L10            PORT(clk    : IN    STD_LOGIC;
L11                  rst    : IN    STD_LOGIC;
L12                  q      : OUT STD_LOGIC_VECTOR(7 DOWNTO 0));
L13         END COMPONENT;
L14         SIGNAL clk1    : STD_LOGIC:='0';    --定义输入、输出信号
L15         SIGNAL rst1    : STD_LOGIC:='0';
L16         SIGNAL q1      : STD_LOGIC_VECTOR(7 DOWNTO 0);
L17   BEGIN
L18      u1 : cnt PORT MAP (clk=>clk1,rst=>rst1,q=>q1);    --被测试元件的例化
L19      clk1<=NOT clk1 AFTER 10ns;    --产生时钟信号
L20      rst1<='0' ,                    --产生清零信号
L21            '1' AFTER 150ns,
L22            '0' AFTER 200ns;
L23   END bhv;
L24      ----------------------------------------------------------------------------------------------------
```

主要知识点：

➢ 一个基本的测试平台文件包含实体的定义、被测试元件的声明和例化、时钟等输入信号的激励产生。

➢ Testbench 文件中的实体与外界没有任何接口相连，其功能仅是仿真测试设计的电路。

➢ 必须包含与所测试元件相对应的元件声明，即把要仿真的对象当做一个部件在 Testbench 中使用。

➢ 通过元件例化语句，实现 Testbench 与仿真对象之间的联系。

➢ 信号的初始值必须是明确声明的，如 "0" 或者 "1"。

也可以从软件中直接调出测试平台文件的模板进行修改。方法是：选中源文件使其标签栏变为黑色，如图 5-35 所示，在菜单栏中会出现 Source 的下拉菜单，选择 Source→Show Language Templates，即可打开模板，如图 5-36 所示。模板中包含新建 Testbench 和其他语法结构模板。双击 Create Testbench，弹出新建测试平台文件向导，如图 5-37 所示。选中将要被测试的设计 cnt，这时在 Design Unit Name 中会显示出名称，单击 "Next" 按钮，在弹出的 5-38 窗口中输入测试设计实体的名称、文件的名称、设计库等。在此选择软件的默认值即可。Testbench 实体名是 cnt_tb；文件名是 cnt_tb.vhd；选择在 Source 窗口中打开 Testbench，并添加到当前工程中，自动编译到 work 库。点击 "Finish" 按钮完成设置，即

可打开自动生成的 Testbench 文件，如图 5-39 所示，可以看到空实体、结构体、被测元件声明、元件例化都已经完成，需要设计者自行完成输入信号的驱动。

图 5-35　未选中窗口和选中窗口的区别

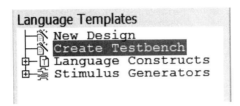

图 5-36　语言模板

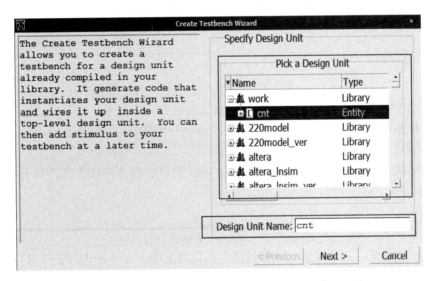

图 5-37　新建 TestBench 向导

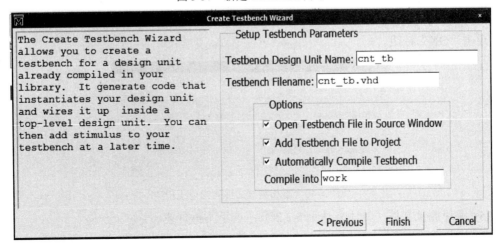

图 5-38　测试平台设置

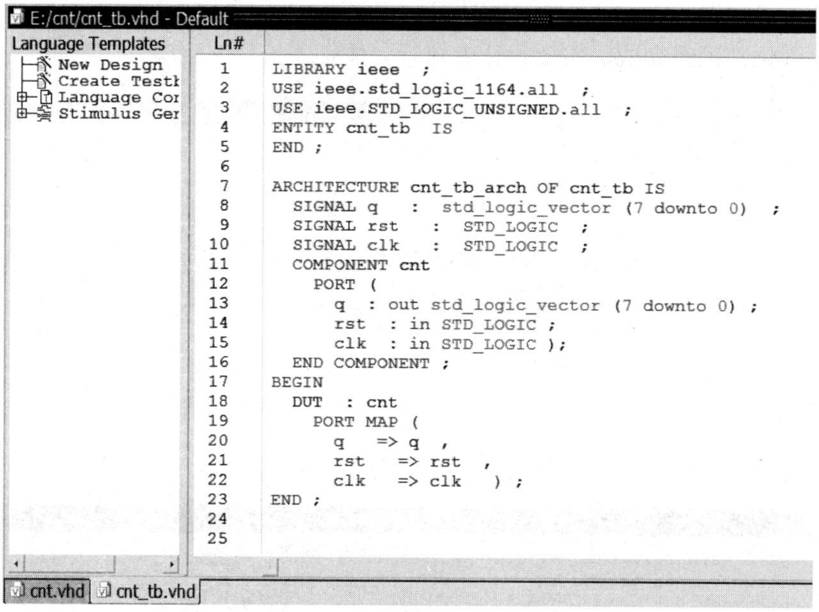

```
E:/cnt/cnt_tb.vhd - Default
Language Templates          Ln#
  New Design            1    LIBRARY ieee  ;
  Create Testl          2    USE ieee.std_logic_1164.all  ;
  Language Cor          3    USE ieee.STD_LOGIC_UNSIGNED.all  ;
  Stimulus Ger          4    ENTITY cnt_tb  IS
                        5    END ;
                        6
                        7    ARCHITECTURE cnt_tb_arch OF cnt_tb IS
                        8      SIGNAL q   :  std_logic_vector (7 downto 0)  ;
                        9      SIGNAL rst  :  STD_LOGIC  ;
                       10      SIGNAL clk  :  STD_LOGIC  ;
                       11      COMPONENT cnt
                       12        PORT (
                       13          q  : out std_logic_vector (7 downto 0) ;
                       14          rst  : in STD_LOGIC ;
                       15          clk  : in STD_LOGIC );
                       16      END COMPONENT ;
                       17    BEGIN
                       18      DUT  : cnt
                       19        PORT MAP (
                       20          q   => q  ,
                       21          rst   => rst  ,
                       22          clk   => clk   ) ;
                       23    END ;
                       24
                       25
  cnt.vhd   cnt_tb.vhd
```

图 5-39　自动生成的测试文件

下面的步骤，通过选取自行输入测试平台文件的方式来完成。

(1) 新建 Source 文件。选择 File→New→Source→VHDL，在新建的 Source 文件中输入例 5-1 所示程序。

(2) 保存测试平台文件。选择 File→Save As，将文件保存在同一文件夹下，文件名为 cnt_test.vhd。

**注意**：必须在选中该设计文件窗口的前提下，才能进行文件保存。

(3) 添加测试平台文件到当前工程。在 Project 窗口中单击右键，选择 Add to Project→ Existing File，弹出如图 5-40 所示窗口，单击"Browse"按钮，找到需要添加的测试文件，之后单击"OK"按钮。

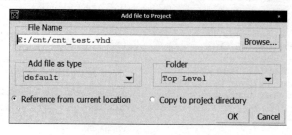

图 5-40　添加测试文件到当前工程

(4) 编译测试文件。具体方法见 5.2.2 节，这里不再赘述。

(5) 选择仿真对象。通过 Simulate→Start Simulation，调出如图 5-41 所示窗口，选择 cnt_test。

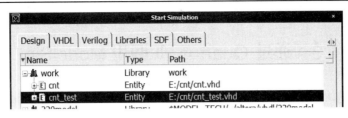

图 5-41　选择仿真对象

(6) 添加仿真观察信号。具体方法见 5.2.2 节，这里不再赘述。

(7) 设置仿真时间。使用快捷方式按钮，具体按钮功能见图 5-42。本例中，可以设置仿真时间为 1 ms，然后点击运行按钮，运行仿真。

图 5-42　仿真快捷按钮

(8) 观察仿真结果。仿真波形与图 5-34 的波形完全一致。

从仿真过程可以看出，Testbench 为仿真输入信号自动添加了激励。因此，在仿真的时候就不需要再使用命令 force 为信号进行驱动了。该例不能明显体现 Testbench 的优势，如果工程项目比较庞大，考虑所有可能的输入情况而一个个地输入会比较麻烦，这时候就可以利用 Testbench 来进行设置。

## 5.2.4　实现后仿真

仿真可分为功能仿真、门级仿真、时序仿真。

(1) 功能仿真又称为前仿真或者代码仿真、行为仿真，主旨在于验证电路的功能是否符合设计的要求，不考虑电路的门延时与线延时，在设计的最初阶段就可发现问题，可节省大量的时间和精力。之前介绍的计数器实例属于功能仿真。

(2) 门级仿真和时序仿真又称为后仿真。其中使用综合软件综合后生成的门级网表进行的仿真就是门级仿真。门级仿真不加入时延文件，可以检验综合后的功能是否满足设计要求，其速度比功能仿真要慢，比时序仿真要快。在门级仿真的基础上加上包含时延信息的反标记文件(.sdf)的仿真就是时序仿真，它能够比较真实地反映逻辑的时延和功能，综合考虑电路的路径延时和门延时。

门级仿真需要的文件包括：综合后的门级网表文件(不是原来功能仿真中需要的 HDL 源代码)、测试激励、元件库。

时序仿真需要的文件包括：综合后的门级网表文件、测试激励、元件库、包含时延信息的 sdf 文件。

由于后仿真需要的是网表文件，所以必须首先采用综合工具对源代码进行综合。一种方式是将 Quartus Ⅱ 全程编译后产生的相关文件，如网表文件.vho(VHDL 格式)、反标记文件.sdf 等添加到 ModelSim 中新建的工程内，然后再进行仿真。另一种方式更简单，可以通过在 Quartus Ⅱ 上进行设置，直接调用 ModelSim 进行后仿真。

## 5.3 通过 Quartus Ⅱ 调用 ModelSim

本节将仍然以计数器为例介绍如何在 Quartus Ⅱ 11.1 版本上使用 ModelSim 进行仿真。

### 1. 新建工程

File→New Project Wizard。在 E 盘新建文件夹 cnt_t，将工程路径指定在此。工程名是 cnt，顶层实体名是 cnt，如图 5-43 所示。点击"Next"按钮进入下一步的设置。

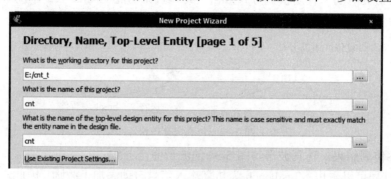

图 5-43　在 Quartus Ⅱ 中新建工程

依照工程向导的指引，一步步进行设置，步骤与第 1 章 1.3 节相同，这里不再赘述。需要注意的是 EDA Tool Settings，由于要使用第三方的仿真工具，所以需要进行设置。Simulation 一项，在 Tool Name 下选择 ModelSim-Altera，格式为 VHDL。如果在 Run gate-level simulation automatically after compilation 前的方框内打钩，表示在编译完成后自动运行门级仿真，如图 5-44 所示。

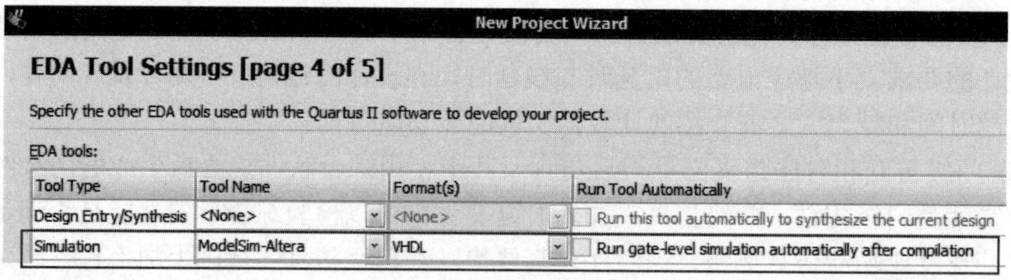

图 5-44　设置第三方仿真工具

### 2. 新建 VHDL 设计文件

File→New→Design Files→VHDL File。在打开的窗口中输入如图 5-26 所示程序。保存文件名为 cnt.vhd，保存在工程所在的目录路径下，即 E:/cnt_t。

### 3. 启动全程编译

Processing→Start Compilation 或者快捷按钮 ▶，完成分析、综合、适配、时序分析、产生网表文件等步骤。

### 4. 新建 Testbench 文件

有两种建立测试平台文件的方式。

1) 自行输入 Testbench 文件

(1) 新建测试平台文件。选择 File→New→Design Files→VHDL File，在新建窗口中输入例 5-1 所示测试程序。

(2) 保存。选择 File→Save As，将程序保存在同一文件夹下，即 E:/cnt_t。

(3) 设置 ModelSim-Altera 路径。第一次使用需要先设置 ModelSim-Altera 的路径。选择 Tools→Options→EDA Tool Options，打开 EDA 工具选项。如图 5-45 所示，在 ModelSim-Altera 选项中点击 "…" 按钮。本例中 ModelSim-Altera 10.0C 软件安装在 D 盘 altera/11.1/modelsim_ase 下，所以选择的路径是 D:/altera/11.1/modelsim_ase/win32aloem。

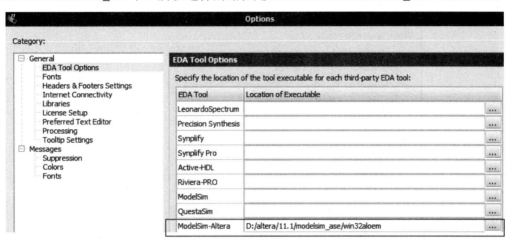

图 5-45　设置 ModelSim—Altera 路径

(4) 添加仿真所需测试文件。选择 Assignments→Settings→EDA Tool Settings→Simulation，其中 EDA Netlist Writer settings 栏可以设置输出文件的格式和输出保存路径，见图 5-46。此选项主要用于由软件自动生成测试平台文件时，设定文件的格式和保存路径。在 NativeLink settings 栏选择 Compile test bench(见图 5-47)，点击 "Test Benches" 按钮，弹出如图 5-48 所示窗口，单击 "New" 按钮，打开 New Test Bench Settings 窗口。在 Test bench name 中输入 cnt_test，则 Top level module in test bench 栏也会出现相应的名字。在 Use test bench to perform VHDL timing simulation 前打钩。在 Design instance name in test bench 中输入测试文件中元件例化的例化名 u1。在 File name 处单击 "…"，添加测试平台 cnt_test 文件路径，单击 "Add" 按钮。完成后如图 5-49 所示。

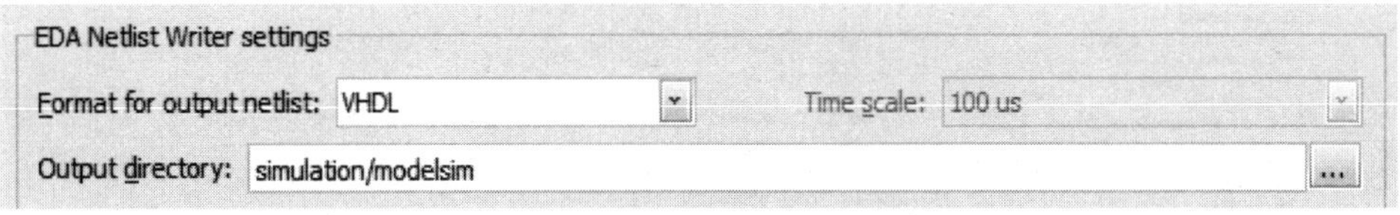

图 5-46　设置自动生成测试文件格式和保存路径

图 5-47　选择指定测试文件

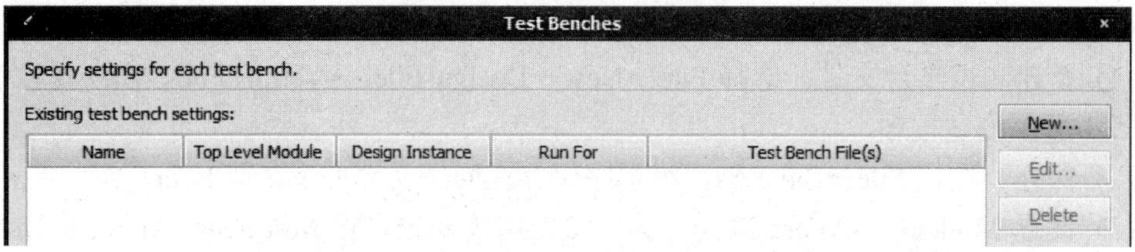

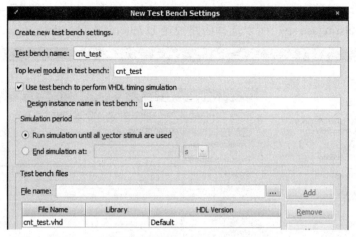

图 5-48　添加测试文件

图 5-49　新建测试平台文件设置窗口

　　(5) 设置允许仿真。选择 Assignments→Settings→EDA Tool Settings→Simulation，打开如图 5-50 所示窗口，点击"More EDA Netlist Writer Settings…"，打开设置窗口(见图 5-51)，找到 Generate third-party EDA tool command script for RTL functional simulation 项，其后设置状态显示 off，左键双击 off 处，出现下拉箭头，将其改为 on，表示允许第三方 EDA 工具进行 RTL 功能仿真。同理，找到 Generate third-party EDA tool command script for gate-level simulation 项，将其状态改为 on，表示允许第三方工具进行门级仿真。

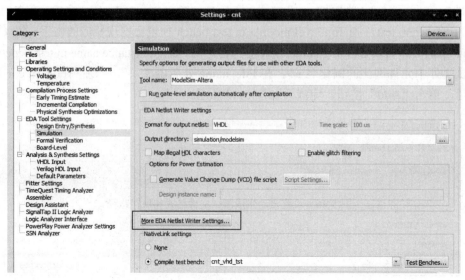

图 5-50　选择更多设置按钮

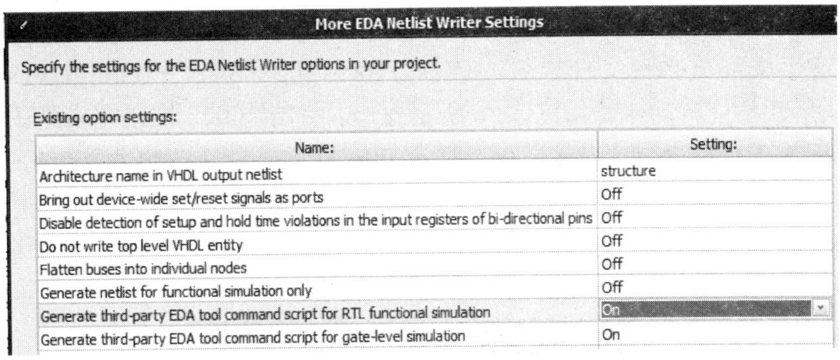

图 5-51　设置允许仿真

(6) 开始仿真。选择 Tools→Run Simulation Tool，选择 RTL Simulation 进行 RTL 仿真，或者选择 Gate Level Simulation 进行门级仿真，如图 5-52 所示。

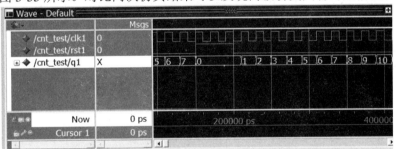

图 5-52　开始仿真

选择 RTL 仿真后，稍等片刻，会自动弹出 ModelSim 软件，加载仿真，结果如图 5-53 所示。若选择门级仿真，弹出如图 5-54 所示窗口，点击"Run"按钮，稍等片刻，出现仿真结果，如图 5-55 所示。对比两次仿真结果可以发现门级仿真具有时延信息。

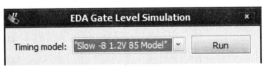

图 5-53　RTL 仿真结果

图 5-54　开始门级仿真

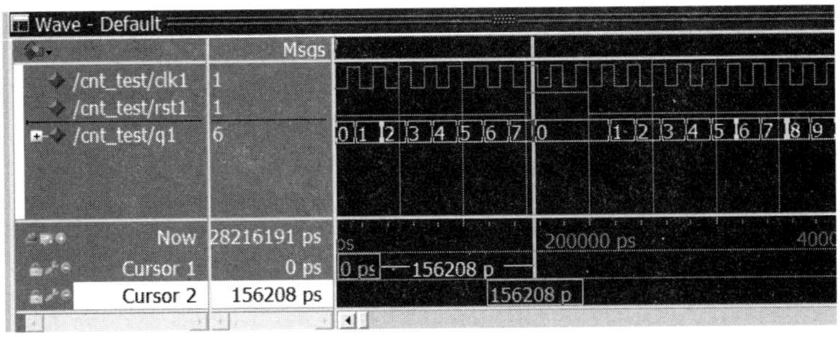

图 5-55　计数器门级仿真

2) 由软件自动生成 Testbench 模板

(1) 自动生成测试平台文件模板。选择 Processing→Start→Start Testbench Template Writer，成功后软件会自动弹出如图 5-56 所示窗口，点击"OK"按钮完成测试平台的生成。此时软件界面并无任何改变，设计者可以通过 File→Open 打开自动生成的 Testbench 文件。一般而言，在默认情况下，文件存放于同一工程目录下，由图 5-46 所示的相对路径所决定，本例具体路径是 E: /cnt_t/simulatiom/modelsim/cnt.vht。在打开文件时，为方便查找，文件类型可选择 Test Bench Output Files，如图 5-57 所示。

图 5-56　成功生成测试平台文件

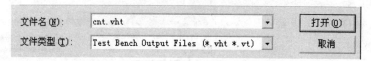

图 5-57　打开自动生成的测试平台文件

打开文件后，可以看见已经生成的测试平台文件，包含空实体、结构体、元件声明、例化等，需要自行添加测试激励。完整的测试平台文件如图 5-58 所示。

图 5-58　添加激励后完整的测试平台文件

(2) 添加仿真所需测试文件。选择 Assignments→Settings→EDA Tool Settings→Simulation。打开窗口后，按照图 5-47～图 5-49 所示打开新建测试平台文件设置窗口，重新选择测试文件，完成后如图 5-59 所示。其中 Test bench name 栏中是测试平台文件的实体名 cnt_vhd_tst，Design instance name in test bench 栏中是测试平台文件中元件的例化名 i1。点击 File name 后的按钮"…"，找到由软件自动生成保存于路径 E：/cnt_t/simulatiom/modelsim/下的测试平台文件 cnt.vht，单击"Add"按钮添加。最后单击"OK"按钮完成设置。

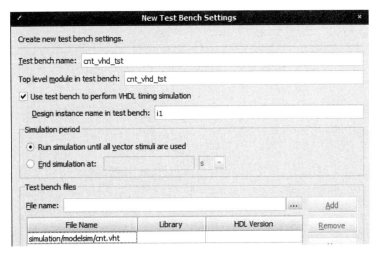

图 5-59　设置 cnt.vhd 为仿真测试平台文件

(3) 开始仿真。仿真步骤与前述相同，这里不再赘述，最后仍然可以得到相同的 RTL 仿真结果和门级仿真结果。

# 本 章 小 结

由于从 Quartus Ⅱ 10.0 版本开始，不再自带仿真工具，需要使用第三方的仿真软件，因此，本章主要对目前主流的仿真软件 ModelSim 作了较详细的入门介绍。由于 ModelSim 具有集成在 Quartus Ⅱ 中的 OEM 版本，所以更趋向于直接使用 Quartus Ⅱ 来调用 ModelSim 进行仿真，这样更加方便简洁。

调用过程中一些容易出错的细节包括：

➢ 第一次使用前设置 ModelSim-Altera 路径。

选择 Tools→Options→EDA Tool Options。在 ModelSim-Altera 选项中，点击"…"按钮，选择 ModelSim-Altera 软件 OEM 版本安装路径。

➢ 打开仿真允许。

在仿真前，需要设置第三方 RTL 仿真和门级仿真允许，即状态设置为 on，如图 5-51 所示。

➢ 正确的 Testbench name。

添加仿真测试平台文件时，需要手动输入测试平台的名称(Test bench name)，如图 5-49、

图 5-59 所示，该名称即为测试平台的实体名。

➢ 正确的 Design instance name。

添加仿真测试平台文件时，需要手动输入设计单元名称(Design Unit Name)，如图 5-49、图 5-59 所示，该名称即为测试平台中元件例化的例化名。

# 附录 EDA综合实验箱使用说明

## 1. 系统概述

综合实验箱的外观参见图 A.1，可分为实验主板和可编程逻辑器件核心板两个部分。可编程逻辑器件核心板可以按需更换，以满足不同要求。该实验箱主要具有以下几个特点：

◆ 实验箱电路可动态重组，可按需配置成不同连接，以满足不同实验项目的需要。

◆ 可独立支持 MCS-51 单片机实验，具有仿真功能，不需要额外配备昂贵的仿真器。

◆ 可独立完成可编程逻辑器件实验，可按需更换不同芯片模板，满足不同实验需要。

◆ 提供了扩展接口，可以设计扩展电路并将其连接到实验箱。

◆ 灵活支撑综合性、创新性实验，有利于训练学生的综合创新能力。

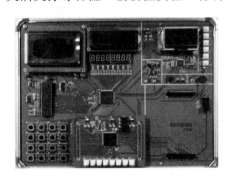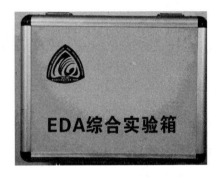

图 A.1 EDA 综合实验箱外观

综合实验箱采用模式化结构，可以通过不同的模式选择来进行单片机实验或是可编程实验，系统结构如图 A.2 所示。通过主控电路可选择左侧的单片机或者是下侧的可编程器件，以及需要的外围资源。主要硬件资源由三部分构成：单片机资源、可编程逻辑器件资源以及一些常用外设资源。

(1) 单片机资源：

◆ 完全兼容 51 内核的 SST89E516RD，管脚兼容 AT89C51，带仿真监控程序。

◆ 时钟频率为(0～40)MHz。

◆ 集成 1 KB 片内 RAM。

◆ 64 KB + 8 KB Flash EEPROM。

◆ 看门狗。

◆ 可编程计数器阵列(PCA)。

◆ SPI 接口。

◆ I2C 接口。

(2) 可编程逻辑器件资源(EP3C10E144)：

◆ 10 320 逻辑单元(LE)。

◆ 46 个 M9K。

◆ 423 936bit RAM。

◆ 23 个 18 × 18 硬件乘法器。

◆ 2 个锁相环(PLL)。

◆ 10 个全局时钟网络。

◆ 最大 94 个用户 IO 口。

◆ 最大 22 组差分接口。

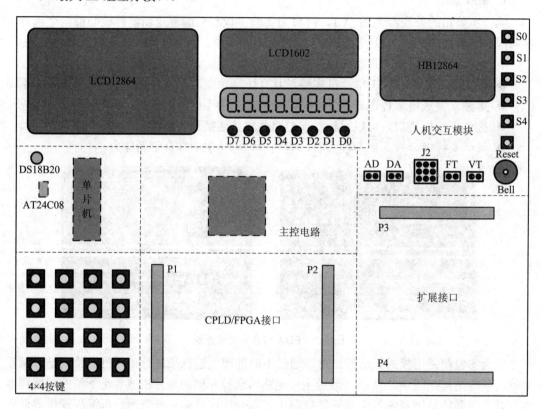

图 A.2　系统结构框图

(3) 常用外围设备资源：

◆ 4×4 矩阵按键。

◆ 8×1 独立按键。

◆ 8 个发光二极管。

◆ 8 位 7 段数码管。

◆ 字符液晶 1602。

◆ 点阵液晶 12864(带字库)。

◆ 蜂鸣器。

◆ 8 KB 串口存储器(仅单片机模式可用)。

◆ 10 位高精度 A/D 转换器(仅单片机模式可用)。

◆ 12 位高精度 D/A 转换器。

图 A.2 中，左下角是 4×4 矩阵按键，位于实验主板上，既可用于单片机模式，也可用于可编程模式；8 个白色按键位于可编程逻辑器件核心板上，只能用于可编程逻辑模式。

## 2. 操作说明

(1) 人机交互模块功能说明。该模块是 EDA 实验箱的人机对话界面，主要实现对实验箱的模式选择、电压测量、信号输出、频率测量以及系统复位等功能。其主要部件及功能如表 A.1 所示。

### 表 A.1　人机交互模块部件及功能

| 元器件名称 | | 功能描述 | |
|---|---|---|---|
| HB12864 显示屏 | | 显示 | |
| 功能键 | S0 | 上移 | |
| | S1 | 下移 | |
| | S2 | 退出/返回键，返回上一级 | |
| | S3 | 确定键 | |
| | S4 | 模式选择键 | |
| | Reset | 复位键 | |
| 插针 | VT | 外接待测直流电压接入 | |
| | FT | 外接待测频率接入 | |
| | DA | 数模转换输出 | |
| | AD | 模数转化输入 | |
| | J2 | 信号输出(可从 clk1 或者 clk2 输出方波信号) | |

① 实验箱上电或复位。当实验箱初次上电或者按 Reset(复位)键时，都将进入初始化界面，该界面将显示重庆邮电大学徽标以及实验平台的名称、制作者等信息，随后自动进入功能选择界面，如图 A.3 所示。

功能 1：电压测量。能够完成对实验箱上 +5 V、+3.3 V 两路电源电压以及外接直流电压 (VT)的测量。

功能 2：信号输出。能够同时产生多路不同频率的方波信号，频率调节范围为 1 Hz～1 MHz。

功能 3：频率测量。可以测量外接频率(FT)。

功能 4：模式选择。实现不同工作模式间的切换。目前本实验箱共设计有 8 种不同的工作模式(模式 0～模式 7)，不同模式对应有不同的电路结构，各模式下的电路结构图可参见模式介绍。

② 模式选择。在功能选择界面，按 S4 键进入工作模式选择状态(如图 A.4 所示)，再按 S4 键进行模式选择，选定模式后按 S3 键确认，即可进入该模式。

在不同模式下，发光二极管和数码管的初始显示是不一样的，如表 A.2 所示。

图 A.3　功能选择界面

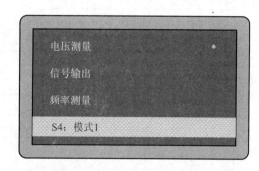

图 A.4　模式选择界面

表 A.2　不同模式下的 LED 和数码管初始显示状态对照表

| 模式 | 8 位 LED 显示 | 8 位数码管显示 |
|---|---|---|
| 模式 0 | 全亮 | 全灭 |
| 模式 1 | 全灭 | 全灭 |
| 模式 2 | 全灭 | 全灭 |
| 模式 3 | 全亮 | 全灭 |
| 模式 4 | 全亮 | 8 位全部显示 *0* |
| 模式 5 | 全亮 | 全灭 |
| 模式 6 | 全亮 | 全灭 |
| 模式 7 | 全亮 | 全灭 |
| 模式 8 | 全亮 | 最左边这一位显示 *F*，其余七位无显示 |

③ 电压测量。在电压测量功能状态下，除了能够测量实验箱上+5 V、+3.3 V两路电源电压以外，还能测量由VT接入的外接直流电压。

按S1(上移)键和S2(下移)键，可以向上或者向下移动屏幕上的"*"，当"*"移动至与"电压测量"同一行显示时，即表示选择"电压测量"，如图A.5所示，然后按S3键(确认键)进入"电压测量"模式。

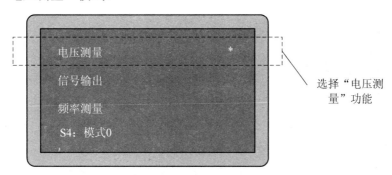

图 A.5　电压测量选择

电压测量模式下的界面显示如图A.6所示。

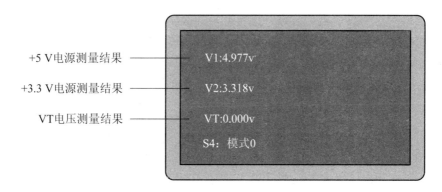

图 A.6　电压测量界面

VT 的电压测量范围：(0～5) V。

④ 信号输出。信号输出功能状态下，能够产生3路不同频率的方波信号(F0、F1、F2)，且每路频率均可调。3路信号频率输出范围如表A.3所示。

表 A.3　信号频率输出范围及调节步进对照表

| 信号输出端 | 频率调节范围 | 频率调节步进 |
| --- | --- | --- |
| F0 | (0～100) Hz | 1 Hz |
| F1 | (0～1000) Hz | 100 Hz |
| F2 | (0～1) MHz | 1 kHz 起，随频率增高步进增大 |

下面以输出一个 f = 200 Hz 的信号为例，讲解此功能的实现方法。

步骤 1：用 S1、S2 键上下移动 "*"，选择 "信号输出"，见图 A.7。

步骤 2：按 S3 键确认进入该功能状态，屏幕显示如图 A.8 所示。

步骤 3：用 S1 和 S2 键选择信号输出端，由于需要输出的信号频率为 200 Hz，所以选择 F1 输出，见图 A.9。

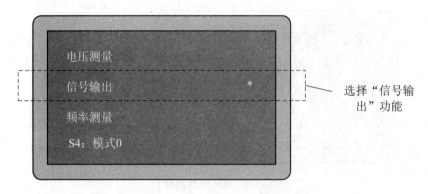

图 A.7　"信号输出" 功能选择

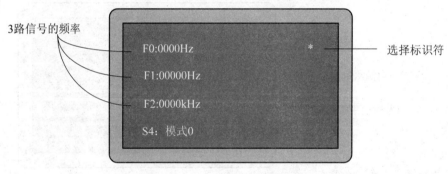

图 A.8　"信号输出" 显示界面

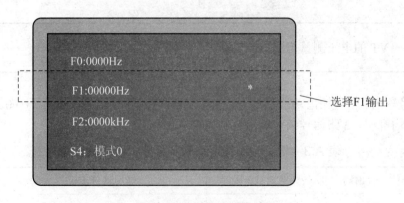

图 A.9　信号输出端选择图

步骤 4：按 S3 键确认，此时进入频率调节模式，见图 A.10。

步骤 5：用 S1 键(增加)、S2 键(减少)按一定步进调节频率，即可输出一定频率的方波信号，如图 A.11 所示。图 A.12 所示为用示波器测试的该输出信号。

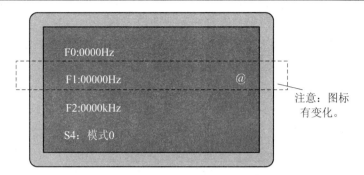

图 A.10 进入频率调节模式

图 A.11 频率调节结果显示

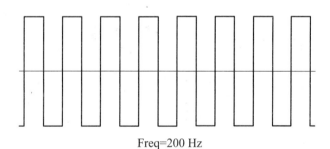

Freq=200 Hz

图 A.12 信号输出波形图

步骤 6：按 S2 键(返回键)可逐级退出。

⑤ 频率测量。频率测量功能状态下，可以测量外接脉冲信号的频率。待测信号通过 FT 接入。

用 S1(上移)键和 S2(下移)键选择"频率测量"，如图 A.13 所示。

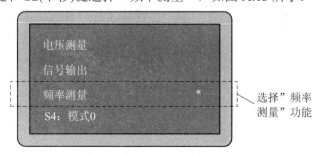

图 A.13 "频率测量"功能选择

按 S3 键(确认键)进行频率测量，屏幕显示如图 A.14 所示。

图 A.14　　"频率测量"结果显示

FT 的频率测量范围：(0～120) kHz。

### 3. 模式介绍

实验箱一共有 8 个模式，其中模式 0～4 为单片机模式，模式 5～7 为可编程逻辑器件模式。需要注意的是，无论在哪种模式下，扩展接口的连接方式都是固定的。

(1) 模式 0。模式 0 为单片机模式，其电路如图 A.15 所示。

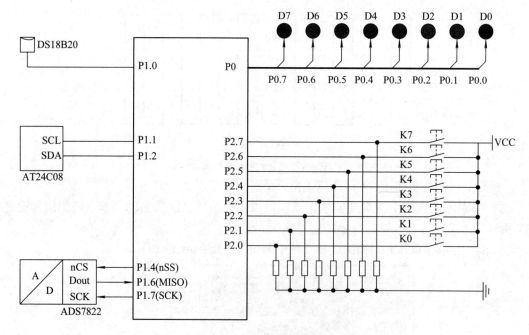

图 A.15　模式 0 电路结构

在模式 0 中，发光二极管连接在单片机的 P0 口，P0 口相应的位为逻辑"1"，则点亮对应的二极管。需要注意的是，P0 口作为普通 IO 使用，需要接上拉电阻。图 A.15 为示意图，实际电路需要连接上拉电阻。

在模式 0 中，实验箱上的 4×4 矩阵按键不再作为矩阵按键，而是取按键 K0～K7 作为独立按键连接到单片机的 P2 口。

DS18B20 是温度传感器、AT24C08 是串行 EEPROM，其具体参数、引脚等请查找相关数据手册，这里不再赘述。

(2) 模式 1。模式 1 为单片机模式，其电路如图 A.16 所示。

在模式 1 中，实验箱上的 4×4 矩阵按键不再作为矩阵按键，取其中按键 K0～K3 作为独立按键使用。字符液晶显示器 1602 的数据线连接到单片机的 P0 口，控制信号 RS、RW、E 分别连接到单片机的 P2.5、P2.6、P2.7。

注意：为了简化编程，1602 被禁止读"忙"，因此，在编写程序时，需要通过延时来实现对 1602 的控制。具体操作请参考 1602 的数据手册。

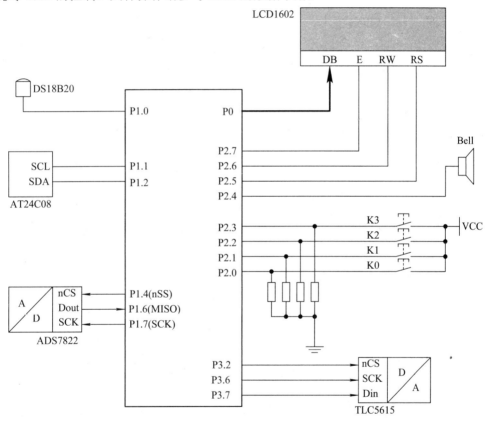

图 A.16　模式 1 电路结构

(3) 模式 2。模式 2 为单片机模式。其电路如图 A.17 所示。

模式 2 和模式 1 基本一样，区别在于把模式 1 的字符液晶显示器 1602 换成点阵液晶显示器 12864，其他完全一样。同样，模式 2 不允许 12864 的读"忙"操作，需要通过延时来实现对 12864 的控制。具体操作请参考 12864 的数据手册。

(4) 模式 3。模式 3 为单片机 IO 口扩展模式，其电路如图 A.18 所示。模式 3 通过 P0 口和 P2 口进行 IO 口扩展，其中 P0 口作为数据通道，P2 口作为控制通道。在模式 3 下，单片机可以使用实验箱上所有外围设备。

(5) 模式 4。模式 4 为单片机总线模式，其电路如图 A.19 所示。所有外设通过总线和单片机相连接，其地址分配如表 A.4 所示。

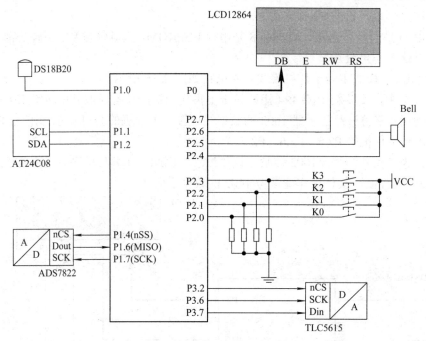

图 A.17　模式 2 电路结构

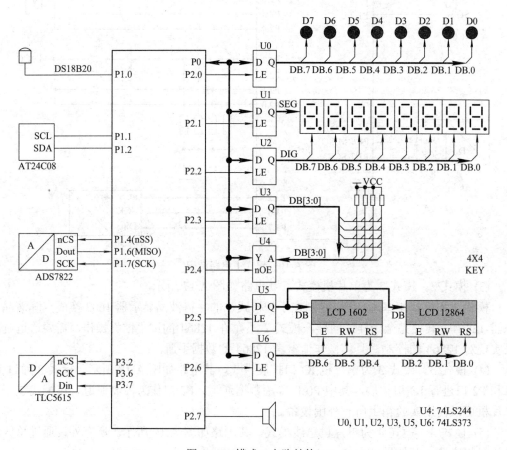

图 A.18　模式 3 电路结构

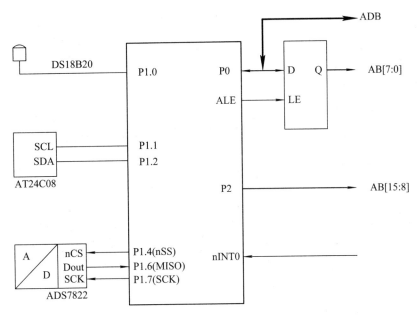

图 A.19 模式 4 电路结构

表 A.4 外围设备地址分配

| 模 块 | 地 址 | RW |
|---|---|---|
| 数码管 0 | 0x0400 | W |
| 数码管 1 | 0x0401 | W |
| 数码管 2 | 0x0402 | W |
| 数码管 3 | 0x0403 | W |
| 数码管 4 | 0x0404 | W |
| 数码管 5 | 0x0405 | W |
| 数码管 6 | 0x0406 | W |
| 数码管 7 | 0x0407 | W |
| LED | 0x0408 | W |
| 按键 | 0x0409 | R |
| 1602 | 0x0500 | W |
| 12864 | 0x0600 | W |

说明:

(1) 数码管已经添加译码功能,输入有效数据为 0x00～0x0F,超过此范围数码管无显示。

(2) 0x0408 中数据位[7：0]对应发光二极管[D7：D0],"1"亮,"0"灭。

(3) 当有按键按下时,nINT0 管脚被拉低,直到按键弹开。

(4) 1602 的起始地址为 0x0500,RS 和 RW 分别接地址线的 A0 和 A1。

(5) 12864 的起始地址为 0x0600,RS 和 RW 分别接地址线的 A0 和 A1。

注意:除了表 A.5 外设占用的地址外,SST89E516RD 片内 RAM 占用了外扩总线的地址,所以用户不要使用低 1 K 的地址。

(6) 模式 5。模式 5 为可编程逻辑器件模式,其电路如图 A.20 所示。

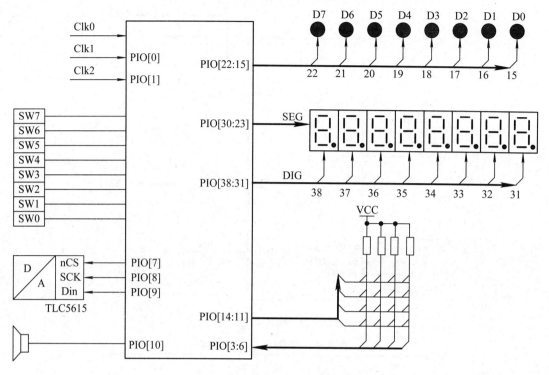

图 A.20　模式 5 电路结构

矩阵按键为实验箱主板上的矩阵按键 K0～KF，独立按键 SW0～SW7 为可编程逻辑器件核心板上的白色独立按键 K0～K7，按下按键为低电平(逻辑"0")。注意：SW5 连接在芯片的多功能管脚 nCEO 上，因此需要通过软件设置该管脚为普通 IO 口，否则按键 SW5 不能使用。

发光二极管逻辑"1"点亮，数码管为共阴数码管，数据总线 SEG 由 8 位数码管复用。SEG 的最低位对应数码管的 a，最高位对应数码管的小数点，以此类推。

Clk0 连接核心板上的 40 MHz 有源晶振。Clk1 和 Clk2 根据需要，通过跳线帽选择合适的输入信号，见表 A.1 中的插针阵列 J2。

(7) 模式 6。模式 6 为可编程逻辑器件模式，其电路如图 A.21 所示。

矩阵按键为实验箱主板上的矩阵按键 K0～KF，独立按键 SW0～SW7 为可编程逻辑器件核心板上的白色独立按键 K0～K7，按下按键为低电平(逻辑"0")。注意：SW5 连接在芯片的多功能管脚 nCEO 上，因此需要通过软件设置该管脚为普通 IO 口，否则按键 SW5 不能使用。

发光二极管逻辑"1"点亮。

Clk0 连接核心板上的 40 MHz 有源晶振。Clk1 和 Clk2 根据需要，通过跳线帽选择合适的输入信号，具体可参考实验箱操作说明部分。

LCD1602 不允许"读忙"操作，需要通过延时程序来实现控制功能。

(8) 模式 7。模式 7 为可编程逻辑器件模式，其电路如图 A.22 所示。

模式 7 和模式 6 基本一样，差别在于把模式 6 的字符液晶显示器 1602 换成点阵液晶显示器 12864，其他完全一样。

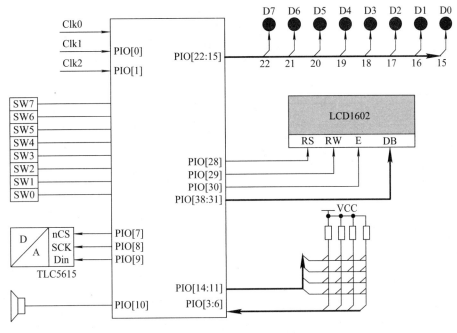

图 A.21 模式 6 电路结构

矩阵按键为实验箱主板上的矩阵按键 K0～KF，独立按键 SW0～SW7 为可编程逻辑器件核心板上的白色独立按键 K0～K7，按下按键为低电平(逻辑"0")。注意：SW5 连接在芯片的多功能管脚 nCEO 上，因此需要通过软件设置该管脚为普通 IO 口，否则按键 SW5 不能使用。

发光二极管逻辑"1"点亮。

Clk0 连接核心板上的 40 MHz 有源晶振。Clk1 和 Clk2 根据需要，通过跳线帽选择合适的输入信号，具体可参考实验箱操作说明部分。

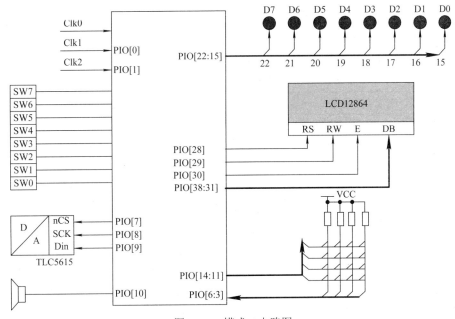

图 A.22 模式 7 电路图

### 4. 扩展接口

扩展接口分配如表 A.5 所示。

表 A.5　扩展接口分配表

| P3 | | | | P4 | | | |
|---|---|---|---|---|---|---|---|
| 1 | VCC | 2 | GND | 1 | VCC | 2 | GND |
| 3 | A0 | 4 | AD0 | 3 | IO0 | 4 | IO1 |
| 5 | A1 | 6 | AD1 | 5 | IO2 | 6 | IO3 |
| 7 | A2 | 8 | AD2 | 7 | IO4 | 8 | IO5 |
| 9 | A3 | 10 | AD3 | 9 | IO6 | 10 | IO7 |
| 11 | A4 | 12 | AD4 | 11 | IO8 | 12 | IO9 |
| 13 | A5 | 14 | AD5 | 13 | IO10 | 14 | IO11 |
| 15 | A6 | 16 | AD6 | 15 | IO12 | 16 | IO13 |
| 17 | A7 | 18 | AD7 | 17 | IO14 | 18 | IO15 |
| 19 | ALE | 20 | nRD | 19 | IO16 | 20 | IO17 |
| 21 | A8 | 22 | nWR | 21 | IO18 | 22 | IO19 |
| 23 | A9 | 24 | T1 | 23 | IO20 | 24 | IO21 |
| 25 | A10 | 26 | T0 | 25 | IO22 | 26 | IO23 |
| 27 | A11 | 28 | nINT1 | 27 | IO24 | 28 | IO25 |
| 29 | A12 | 30 | A13 | 29 | IO26 | 30 | |
| 31 | A14 | 32 | A15 | 31 | | 32 | |
| 33 | VCC | 34 | GND | 33 | VCC | 34 | GND |

P3 连接单片机，为单片机的总线扩展接口；P4 连接可编程逻辑器件核心板，为可编程逻辑器件扩展接口。IO0～IO26 的具体连接请参考管脚分配表 A.6。

### 5. 管脚分配

管脚分配见表 A.6。

表 A.6　管脚分配表

| 模式电路图 | 不同模式下引脚名称 | | | EP3C10E144 | 其他连接名称 | EP3C10E144 |
|---|---|---|---|---|---|---|
| | Mode5 | Mode6 | Mode7 | | | |
| PIO0 | Clk1 | Clk1 | Clk1 | PIN38 | CLK0 | PIN22 |
| PIO1 | Clk2 | Clk2 | Clk2 | PIN39 | | |
| PIO2 | | | | PIN42 | | |
| PIO3 | KC0 | KC0 | KC0 | PIN43 | SW0 | PIN86 |
| PIO4 | KC1 | KC1 | KC1 | PIN44 | SW1 | PIN87 |
| PIO5 | KC2 | KC2 | KC2 | PIN46 | SW2 | PIN98 |
| PIO6 | KC3 | KC3 | KC3 | PIN49 | SW3 | PIN99 |
| PIO7 | nCS | nCS | nCS | PIN50 | SW4 | PIN100 |

| 模式电路图 | 不同模式下引脚名称 | | | EP3C10E144 | 其他连接名称 | EP3C10E144 |
|---|---|---|---|---|---|---|
| | Mode5 | Mode6 | Mode7 | | | |
| PIO8 | SCK | SCK | SCK | PIN51 | SW5 | PIN101 |
| PIO9 | Din | Din | Din | PIN52 | SW6 | PIN103 |
| PIO10 | Bell | Bell | Bell | PIN53 | SW7 | PIN104 |
| PIO11 | KR0 | KR0 | KR0 | PIN54 | | |
| PIO12 | KR1 | KR1 | KR1 | PIN55 | IO0 | PIN105 |
| PIO13 | KR2 | KR2 | KR2 | PIN58 | IO1 | PIN106 |
| PIO14 | KR3 | KR3 | KR3 | PIN59 | IO2 | PIN110 |
| PIO15 | LED0 | LED0 | LED0 | PIN60 | IO3 | PIN111 |
| PIO16 | LED1 | LED1 | LED1 | PIN64 | IO4 | PIN112 |
| PIO17 | LED2 | LED2 | LED2 | PIN65 | IO5 | PIN113 |
| PIO18 | LED3 | LED3 | LED3 | PIN66 | IO6 | PIN114 |
| PIO19 | LED4 | LED4 | LED4 | PIN67 | IO7 | PIN115 |
| PIO20 | LED5 | LED5 | LED5 | PIN68 | IO8 | PIN119 |
| PIO21 | LED6 | LED6 | LED6 | PIN69 | IO9 | PIN120 |
| PIO22 | LED7 | LED7 | LED7 | PIN70 | IO10 | PIN121 |
| PIO23 | SEG0 | | | PIN71 | IO11 | PIN124 |
| PIO24 | SEG1 | | | PIN72 | IO12 | PIN125 |
| PIO25 | SEG2 | | | PIN73 | IO13 | PIN126 |
| PIO26 | SEG3 | | | PIN74 | IO14 | PIN127 |
| PIO27 | SEG4 | | | PIN75 | IO15 | PIN128 |
| PIO28 | SEG5 | RS0 | RS1 | PIN76 | IO16 | PIN129 |
| PIO29 | SEG6 | RW0 | RW1 | PIN77 | IO17 | PIN132 |
| PIO30 | SEG7 | E1602 | E12864 | PIN79 | IO18 | PIN133 |
| PIO31 | DIG0 | DB0 | DB0 | PIN80 | IO19 | PIN135 |
| PIO32 | DIG1 | DB1 | DB1 | PIN83 | IO20 | PIN136 |
| PIO33 | DIG2 | DB2 | DB2 | PIN84 | IO21 | PIN137 |
| PIO34 | DIG3 | DB3 | DB3 | PIN85 | IO22 | PIN138 |
| PIO35 | DIG4 | DB4 | DB4 | PIN4 | IO23 | PIN141 |
| PIO36 | DIG5 | DB5 | DB5 | PIN3 | IO24 | PIN142 |
| PIO37 | DIG6 | DB6 | DB6 | PIN2 | IO25 | PIN143 |
| PIO38 | DIG7 | DB7 | DB7 | PIN1 | IO26 | PIN144 |

# 参 考 文 献

[1]　潘松，黄继业. EDA 技术实用教程. 3 版. 北京：科学出版社，2009.

[2]　杨旭，刘盾. EDA 技术基础与实验教程.北京：清华大学出版社，2010.

[3]　徐志军，徐光辉. CPLD/FPGA 的开发与应用.北京：电子工业出版社，2002

[4]　(巴西)Pedroni Volnei A. Circuit Design with VHDL.北京：电子工业出版社，2005.

[5]　ALTERA Corporation.Quartus II Hand Book Version 11.1.2011

[6]　ALTERA Corporation.Quartus II Hand Book Version 10.1.2010

[7]　ALTERA Corporation.Quartus II Hand Book Version 9.1.2010

[7]　ALTERA Corporation.SignalTap II with VHDL Designs.2010

[8]　ALTERA Corporation.Using Library Modules in VHDL Designs.2010

[9]　Texas Instruments Incorporated.TLC5615C,TLC56151 10-BIT DIGITAL-TO-ANALOG CONVERTERS.2000

[10]　伟纳电子.通用 1602 液晶显示模块使用手册